地域气候适应型绿色公共建筑设计研究丛书　丛书主编　崔愷

适应夏热冬冷气候的绿色公共建筑设计导则

Design Guidelines for Green Public Buildings in Hot Summer and Cold Winter Zone

上海市建筑科学研究院有限公司
中国建筑设计研究院有限公司　编著
同济大学
上海建科建筑设计院有限公司

张宏儒　主编
葛曹燕　方舟　金艳萍　副主编

图书在版编目（CIP）数据

适应夏热冬冷气候的绿色公共建筑设计导则 = Design Guidelines for Green Public Buildings in Hot Summer and Cold Winter Zone / 上海市建筑科学研究院有限公司等编著；张宏儒主编. —北京：中国建筑工业出版社，2021.12

（地域气候适应型绿色公共建筑设计研究丛书 / 崔愷主编）

ISBN 978-7-112-26474-2

I.①适… II.①上…②张… III.①气候影响—公共建筑—生态建筑—建筑设计—研究 IV.①TU242

中国版本图书馆CIP数据核字（2021）第163551号

责任编辑：刘 丹 徐 冉 陆新之
书籍设计：锋尚设计 责任校对：赵 菲

丛书主编 崔愷

地域气候适应型绿色公共建筑设计研究丛书

适应夏热冬冷气候的绿色公共建筑设计导则
Design Guidelines for Green Public Buildings in Hot Summer and Cold Winter Zone
上海市建筑科学研究院有限公司 中国建筑设计研究院有限公司 编著
同济大学 上海建科建筑设计院有限公司
张宏儒 主编
葛曹燕 方 舟 金艳萍 副主编

＊

中国建筑工业出版社出版、发行（北京海淀三里河路9号）
各地新华书店、建筑书店经销
北京锋尚制版有限公司制版
北京富诚彩色印刷有限公司印刷

＊

开本：889毫米×1194毫米 第1/20 印张：11⅓ 字数：214千字
2021年10月第一版 2021年10月第一次印刷
定价：109.00元
ISBN 978-7-112-26474-2
（38021）

丛书编委会

《适应夏热冬冷气候的绿色公共建筑设计导则》

上海市建筑科学研究院有限公司
中国建筑设计研究院有限公司　编著
同济大学
上海建科建筑设计院有限公司

主编
张宏儒

副主编
葛曹燕　方　舟　金艳萍

主要参编人员
梁　云　叶　海　张丽娜　何　珊　邹　寒　钱　锋　刘佳鹭
潘　雨　缪嘉晨　徐　婧　王　宁　季　亮　徐　斌　李东哲
孙金颖　邵冬祥　芮丽燕　乔正珺　李鹏魁　胡艺萌　罗　淼
王钰君　许其弘　李　文　丁明琦

2021年4月15日，"江苏·建筑文化大讲堂"第六讲在第十一届江苏省园博园云池梦谷（未来花园）中举办。我站在历经百年开采的巨大矿坑的投料口旁，面对一年多来我和团队精心设计的未来花园，巨大的伞柱在波光下闪闪发亮，坑壁上层层叠叠的绿植花丛中坐着上百名听众，我以"生态·绿色·可续"为主题，讲了我对生态修复、绿色创新和可持续发展的理解和在园博园设计中的实践。听说当晚在网上竟有超过300万的点击率，让我难以置信。我想这不仅仅是大家对园博会的兴趣，更多的是全社会对绿色生活的关注，以及对可持续发展未来的关注吧！

的确，经过了2020年抗疫生活的人们似乎比以往任何时候都更热爱户外，更热爱健康的绿色生活。看看刚刚过去的清明和五一假期各处公园、景区中的人山人海，就足以证明人们对绿色生活的追求。因此城市建筑中的绿色创新不应再是装点地方门面的浮夸口号和完成达标任务的行政责任，而应是实实在在的百姓需求，是建筑转型发展的根本动力。

近几年来，随着习近平总书记对城乡绿色发展的系列指示，国家的建设方针也增加了"绿色"这个关键词，各级政府都在调整各地的发展思路，尊重生态、保护环境、绿色发展已形成了共同的语境。

"十四五"时期,我国生态文明建设进入以绿色转型、减污降碳为重点战略方向,全面实现生态环境质量改善由量变到质变的关键时期。尤其是2021年4月22日在领导人气候峰会上,国家主席习近平发表题为"共同构建人与自然生命共同体"的重要讲话,代表中国向世界作出了力争2030年前实现碳达峰、2060年前实现碳中和的庄严承诺后,如何贯彻实施技术路径图是一场广泛而深刻的经济社会变革,也是一项十分紧迫的任务。能源、电力、工业、交通和城市建设等各领域都在抓紧细解目标,分担责任,制定计划,这成了当下最重要的国家发展战略,时间紧迫,但形势喜人。

面对国家的任务、百姓的需求,建筑师的确应当担负起绿色设计的责任,无论是新建还是改造,不管是城市还是乡村,设计的目标首先应是绿色、低碳、节能的,创新的方法就是以绿色的理念去创造承载新型绿色生活的空间体验,进而形成建筑的地域特色并探寻历史文化得以传承的内在逻辑。

对于忙碌在设计一线的建筑师们来说,要迅速跟上形势,完成这种转变并非易事。大家习惯了听命于建设方的指令,放弃了理性的分析和思考;习惯了形式的跟风,忽略了技术的学习和研究;习惯了被动的达标合规,缺少了主动的创新和探索。同时还有许多人认为做绿色建筑应依赖绿色建筑工程师帮助对标算分,依赖业主对绿色建筑设备设施的投入程度,而没有清楚地认清自己的责任。绿色建筑设计如果不从方案构思阶段开始就不可能达到"真绿",方案性的铺张浪费用设备和材料是补不回来的。显然,建筑师需要改变,需要学习新的知识,需要重新认识和掌握绿色建筑的设计方法,可这都需要时间,需要额外付出精力。当绿色建筑设计的许多原则还不是"强条"时，压力巨大的建筑师们会放下熟练的套路方法认真研究和学习吗？翻开那一本本绿色生态的理论书籍，阅读那一套套相关的知识教程，相信建筑师的脑子一下就大了，更不用说要把这些知识转换成可以活学活用的创作方法了。从头学起的确很难，绿色发展的紧迫性也容不得他们学好了再干！他们需要的是一种边干边学的路径，是一种陪伴式的培训方法，是一种可以在设计中自助检索、自主学习、自动引导的模式，随时可以了解原理、掌握方法、选取技术、应用工具，随时可以看到有针对性的参考案例。这样一来，即便无法保证设计的最高水平，但至少方向不会错；即便无法确定到底能节约多少、减排多少，但至少方法是对的、效果是"绿"的，至少守住了绿色的底线。毫无疑问，这种边干边学的推动模式需要的就是服务于建筑设计全过程的绿色建筑设计导则。

"十三五"国家重点研发计划项目"地域气候适应型绿色公共建筑设计新方法与示范"（2017YFC0702300）由中国建筑设计研究院有限公司牵头，联合清华大学、东南大学、西安建筑科技大学、中国建筑科学研究院有限公司、哈尔滨工业大学建筑设计研究院、上海市建筑科学研究院有限公司、华南理工大学建筑设计研究院有限公司，以及17个课题参与单位，近220人的研究团队，历时近4年的时间，系统性地对绿色建筑设计的机理、方法、技术和工具进行了梳理和研究，建立了数据库，搭建了协同平台，完成了四个气候区五个示范项目。本套丛书就是在这个系统的框架下，结合不同气候区的示范项目编制而成。其中汇集了部分研究成果。之所以说是部分，是因为各课题的研究与各示范项目是同期协同进行的。示范项目的设计无法等待研究成果全部完成才开始设计，因此我们在研究之初便共同讨论了建筑设计中绿色设计的原理和方法，梳理出适应气候的绿色设计策略，提出了"随遇而生·因时而变"的总体思路，使各个示范项目设计有了明确的方向。这套丛书就是在气候适应机理、设计新方法、设计技术体系研究的基础上，结合绿色设计工具的开发和协同平台的统筹，整合示范项目的总体策略和研究发展过程中的阶段性成果梳理而成。其特点是实用性强，因为是理论与方法研究结合设计实践；原理和方法明晰，因为导则不是知识和信息的堆积，而是导引，具有开放性。希望本项目成果的全面汇集补充和未来绿色建筑研究的持续性，都会让绿色建筑设计理论、方法、技术、工具，以及适应不同气候区的各类指引性技术文件得以完善和拓展。最后，是我们已经搭出的多主体、全专业绿色公共建筑协同技术平台，相信在不久的将来也会编制成为App，让大家在电脑上、手机上，在办公室、家里或工地上都能时时搜索到绿色建筑设计的方法、技术、参数和导则，帮助建筑师作出正确的选择和判断！

当然，您关于本丛书的任何批评和建议对我们都是莫大的支持和鼓励，也是使本项目研究成果得以应用、完善和推广的最大动力。绿色设计人人有责，为营造绿色生态的人居环境，让我们共同努力！

崔愷

2021年5月4日

始自20世纪中叶"生态建筑"概念的提出，历经20世纪七八十年代两次能源危机，能源安全逐渐受到各国政府的高度关注。在此背景下，不同国家和地区的绿色建筑理论研究和实践探索不断发展。20世纪末以来，中国绿色建筑事业在政府、学界、行业和社会的共同努力下，已经在理论、技术、法规、标准、产品及应用实践诸多方面取得一系列成就，并正在深刻影响着建设领域价值观和实践的积极转变与发展。

绿色建筑设计作为实施绿色建筑全过程中的首要环节，对推动绿色建筑高质量发展起着至关重要的作用。结合国家"十四五"规划的发展方向来看，我们亟待围绕高品质绿色建筑设计理论体系的完善、建筑师主导的设计新方法的研究、绿色建筑设计技术的构建，通过全面构建具有中国特色的高品质绿色建筑协同设计系统，以期塑造外延进一步拓展、内涵进一步丰富、品质进一步提升的高品质绿色建筑发展体系，进而促进绿色建筑本土化的实践应用，引领行业的转型升级和城乡建设领域的可持续发展。

在此背景下，《适应夏热冬冷气候的绿色公共建筑设计导则》（以下简称"本书"）作为"十三五"国家重点研发计划项目"地域气候适应型绿色公共建筑设计新方法与示范"（2017YFC0702300）子课题"适应夏热冬冷气候的绿色公共建筑设计模式与示范"（2017YFC0702308）的成果之一，聚焦高品质绿色建筑设计推动城乡建设高质量发展的研究价值与现实需求，切实推动绿色建筑设计新理念，从建筑设计中的地域气候认知入手，分析气候适应型绿色公共建筑设计的内涵及其面临的突出问题，在设计阶段高效融入绿色策略，为建筑植入先天绿色基因，以期使绿色创新理念、节能减排技术有效落实在建设的源头，从根本上实现绿色建筑高品质发展。

本书从建筑设计的视角对夏热冬冷地区公共建筑设计架构、气候特点、场地设计、建筑设计和技术协同等方面进行了探索与研究，形成了适应夏热冬冷气候多维度协同的设计导则。本书的目的是要引导建筑师以绿色设计的理念和方法做设计，以气候适应性为核心，针对该气候区绿色公共建筑保温、隔热、通风等关键问题，从场地、布局、功能、空间、形体、界面、技术协同等方面，构建了适应夏热冬冷气候的绿色公共建筑设计模式。

本书包含"目的""设计控制""设计要点""关键措施与指标""相关规范与研究""典型案例"等部分，形成了多层次、多维度合理化提升绿色建筑设计的系统性指引，每个步骤、每个环节都讲明道理、指明路径、给出方向，期望能有效推动本气候区绿色建筑的高质量发展以及绿色建筑本土化的实践应用，对建筑设计理念和方法的转变与提升、引领行业的转型升级和城乡建设的可持续发展具有积极的作用。

本书的编著包含了课题的大量研究成果，同时也汲取了业界专家、学者、建筑师和技术人员的经验和成果，在此表示衷心感谢，并欢迎广大读者批评指正。

整体架构与导读

气候

场地设计

建筑设计

技术协同

F 整体架构与导读
Framework

　　"经过三十年来的快速城市化，中国先后出现了环境污染和能源问题，成为今后经济发展的瓶颈。毫无疑问，当今节能环保绝不再是泛泛的口号，已成为国家的战略和行业的准则。一批批新型节能技术和装备不断创新，一个个行业标准不断推出，兴盛的节能技术和材料产业快速发展，绿色节能示范工程正在不断涌现，可以说从理念到技术再到标准，基本上我国与国际处于同步的发展状况。

　　但这其中也出现了一些问题和偏差，值得警惕。不少人一谈节能就热衷于新技术、新设备、新材料的堆砌和炫耀，而对实际的效果和检测不感兴趣；不少人乐于把节能看作是拉动经济产业发展的机会，而对这种生产所谓节能材料所耗费的能源以及对环境的负面影响不管不顾；不少人满足于对标、达标，机械地照搬条文规定，面对现实条件和问题缺少更务实、更有针对性的应对态度；更有不少人一边拆旧建筑，追求大而无当、装修奢华的时髦建筑，一边套用一点节能技术充充门面。另外，有人对一些频频获奖的绿色示范建筑作后期的检测和评价，据说结论并不乐观，有些比一般建筑的能耗还要高出几倍，节能建筑变成了耗能大户，十分可笑，可悲！"

　　"融入环境是一种主动的态度。面对被动的制约条件，在有形和无形的限制中建立友善的关系并获得生存的空间，达到与环境共生的目的，这是城市有机更新过程中的常态。

　　顺势而为是一种博弈的东方智慧。在与外力的互动中调形、布阵、拓展、聚气，呈现外收内强、有力感、有动势的独特姿态。

　　营造空间是一种对效率和品质的追求。在苛刻的条件下集约功能，放开界面，连通层级，灵活使用，简做精工，创造有活力的新型交互场所。

　　绿色建筑是一种系统性节俭和健康环境的理念和行动，它始于节地、节能、节水、节材、环保的设计路线，终于舒适、卫生、愉悦、健康的新型创新生态环境的建构和运维，追求长效的可持续发展的目标。"[①]

---

① 崔愷. 中国建筑设计研究院有限公司创新科研楼设计展序言［Z］. 北京：中国建筑设计研究院有限公司，2018.

[概述]

在生态文明建设大发展的背景下，设计绿色、低碳、循环、可持续的建筑，是当代建筑师的责任和使命。

建筑外部空间的场地微气候环境与区域或地段局地微气候乃至自然环境的地区性气候，是空间开放连续的气候系统，具有直接物质与能量交换的相对平衡。建筑内部空间的室内微气候环境，由建筑外围护结构为主的气候界面与外部实现明确区分，通过建筑主动或被动体系的调节，实现了建筑室内空间的相对封闭独立的气候系统塑造以及内部空间与外部环境的有机互动。因此，应依据所在气候区与相应气候条件的不同，按照对自然环境要素趋利避害的基本原则，选择合适的设计策略。无论室外微气候还是室内人工气候，均应根据其适应自然环境所需的程度不同，选择利用、过渡、调节或规避等差异化策略，实现最小能耗下的最佳建成环境质量。在建筑本体的布局、功能、空间、形体与界面等层面，寻求适应与应对室外不利气候的最大化调节，再辅助以机电设备的调节，从而实现节能、减排与可持续发展。

建筑本体设计在与地域气候要素的互动中，也将使得城市、建筑找回地域化的特色，进一步拓展建筑创作的领域与空间。

本书探讨的气候适应型建筑设计新方法，是走向绿色建筑、实现低碳节能的重要途径。20世纪初的现代主义建筑运动强调"形式追随功能"，伴随着同时期的工业革命，空调和电灯等众多工业产品的发明，使人们摆脱了地域气候的束缚，形成了放之四海而皆准的"国际式"，也渐渐使建筑设计脱离了所在的地域文化，"千城一面"的现象由此形成。同时，对机电设备及技术的过度依赖，甚至崇拜，导致大量建筑能耗惊人。全社会的工业化使得地球圈范围内发生了气候与能源危机。

相较于"形式追随功能"的现代主义思想，基于气候问题愈演愈烈的今天，在当下生态文明时代的建筑设计工作中，我们强调"形式适应气候"，并主张以此为重要出发点的理性主义的建筑设计态度。

建筑师先导

建筑设计的全过程中，建筑师具有跨越专业领域的整体视角，能够充分平衡设计输入条件与建筑成果需求之间的关系。建筑师在面对复杂的气候条件与各异的功能需求时，应综合权衡，形成最佳的整体技术体系。应注重建筑系统的自我调节，充分结合气候条件、建筑特点、用能习惯等特征，达到降低能耗、提高能效的目的。

建筑师的职责决定了其在气候适应型绿色公共建筑设计中的核心作用。建筑设计灵感源自对基地现场特有环境的呼应，以及主客观要素的掌握。建筑师应具备将其对场域的感受转化成形态的能力。

建筑师应有从建筑的可行性研究开始到建设运维，全程参与并确保设计创意有效落地及绿色设计目标实现的协调把控力。

在建筑设计引领绿色节能设计工作中，建筑师占据主导性地位，结构、机电等其他专业在建筑设计工作中起协同性的作用。建筑师首先要树立引导意识，充分发挥建筑专业的特点，在建筑设计全过程中，发挥整体统筹的重要作用。绿色建筑设计的工作重心应该由以往重结果、轻过程，重技术、轻设计的末端控制转为全过程控制，从场地即开始绿色设计，而不是方案确定后，由扩初阶段才开始进行对标式绿色建筑设计。

建筑师视角的绿色公共建筑设计，是将建筑视为环境中的开放系统，而非割裂的独立单元。本书所探讨的气候适应型建筑设计新方法，主张以建筑本体设计为主导的设计方法来推进绿色公共建筑的设计，挖掘建筑本体所应有的环境调控作用，探讨场地、布局对周边环境及内部使用者的影响，研究功能、空间、形体、界面与环境要素之间的转换路径。建筑师应从多个维度综合思考，从选址、土地使用、规划布局等规划层面，到功能组织、空间设计、形体设计、材料使用、围护结构等建筑层面的环节，同时考虑其他相关专业的气候适应性协同要点。鼓励重新定位专业角色，倡导建筑师在性能模拟与建筑设计协同工作中发挥核心能动作用，并在设计全流程中贯穿气候适应性设计理念，引导多主体、全专业参与协作，共同成为绿色建筑设计的社会和经济价值的创造者，逐步推进绿色建筑设计理念的落地。

本体设计优先，设备辅助协同

以建筑本体设计特点实现气候适应性设计，是实现绿色建筑设计的重要途径。绿色建筑设计主张以空间形态为核心，结构、构造、材料和设备相互集成。建筑形态是建筑物内外呈现出的几何状态，是建筑内部结构与外部轮廓的有机融合。建筑形态在气候适应性方面具有重要作用，是建筑空间和物质要素的组织化结构，从基本格局上建立了空间环境与自然气候的性能调节关系。被动式设计策略则进一步增强了这种调节效果。在必要的情况下，主动式技术措施用于弥补、加强被动手段的不足。然而，公共建筑设计中建筑本体的绿色策略往往被忽视，转而更多依赖主动式设备调节。过度着眼于设备技术的能效追逐，掩盖了建筑整体高能耗的事实，这正是导致建筑能耗大幅攀升的重要缘由。不同气候区划意味着不同的适应性内涵与模式。不同气候区不同的空间场所及其组合形态形成了自然气候与建筑室内外空间的连续、过渡和阻隔，由此构成了气候环境与建筑空间环境的基本关系。在这种关系的建构中，以空间组织为核心的整体形态设计和被动式气候调节手段必须被重新确立，并得到优化和发展。

要实现真正健康且适宜的低能耗建筑设计，还是要回到建筑设计本体，通过建筑空间形态设计，在不增加能耗成本的情况下，合理布局不同能耗的功能空间，为整体降低建筑能耗提供良好的基础。在这种情况下，主动式设备仅用于必要的区域，实现室内环境对于机械设备调节依赖性的最小化。根据建筑所处的气候条件，针对主要功能空间的使用特点，在建筑设计中利用低性能和普通性能空间的组织，来为主要功能空间创造更好的环境条件。建筑空间形态不仅是视觉美学的问题，更是会影响建筑性能的大问题，好的空间形态首先应该是绿色的。

以"形式适应气候"为特征的公共建筑的气候适应性设计谋求通过建筑师的设计操作，创造出能够适应不同气候条件，建立"人、建筑、气候"三者之间良性互动关系的开放系统，通过对建筑本体的整体驾驭实现对自然气候的充分利用、有效干预、趋利避害的目标。气候适应性设计是适应性思想观念下策略、方法与过程的统一；是建筑师统筹下，优先和前置于设备节能措施之前的、始于设计上游的创造性行为；是"气候分析—综合设计—评价反馈"往复互动的连续进程；是从总体到局部，并包含多专业协同的集成化系统设计。气候适应型绿色公共建筑设计并不追逐某种特殊的建筑风格，但也将影响建筑形式美的认知，其在客观结果上会体现不同气候区域之间、不同场地微气候环境下的形态差异，也呈现出不同公共建筑类型因其功能和使用人群的不同而具有的形式多样性。气候适应性设计对于推进绿色公共建筑整体目标的达成具有关键的基础性意义。

整体生态环境观

整体，或称系统。建筑系统与自然环境系统密不可分。应以整体和全面的角度把握生态环境问题。绿色公共建筑设计倡导建筑师要建立整体的生态环境观，动态考量建筑系统里宏观、中观、微观各层级要素之间的关系，以及层级与外界环境要素之间的相互作用。这一过程包括从生态学理论中寻找决策依据，借鉴生态系统的概念理解系统中的能量流动与转化过程，分析自然环境对建筑设计的约束条件，以及反向预测建筑系统对自然生态系统稳定性、多样性的影响。

绿色建筑对生态环境的视角需要持续、立体、系统。各个组成子系统之间既高度分化，又高度综合。

气候适应性设计遵循系统规律，整体的组织结构应优先于局部要素，与气候在微观尺度上的层级特征以及人的气候感知进程相呼应。

整体优先原则的首要内涵就在于建筑总体的形态布局首先要置于更大环境的视角下加以考量。从气候适应性角度看，建筑工程项目的选址要充分权衡其与地方生态基质、生物气候特点、城市风廊的整体关系，秉持生态保护、环境和谐的基本宗旨。建筑总体形态布局中的开发强度、密度配置、高度组合等需要适应建成环境干预下的局地微气候，并有利于城市气候下垫面形态的整体优化，从而维系整体建成环境和区段微气候的良性发展，尽量避免城市热岛效应加剧、局域风环境和热环境恶化等弊端。

整体优先原则的另一个内涵是利弊权衡、确保重点、兼顾一般。一方面要充分重视总体形态布局对场地微气候的适应和调节能力，另一方面又要看到这种适应和调节能力的局限性。场地微气候是一种在空间和时间上都会动态变化的自然现象，在建筑总体形态布局过程中，不可能也没有必要追求场地上每一个空间点位的微气候都达到最优，而是应根据场地空间的不同功能属性区别权衡。由于场地公共空间承载了较高的使用频率，人员时常聚集，因此在进行总体设计和分析评估场地微气候时，须优先保障重要公共活动空间的微气候性能。例如，中小学校园和幼儿园设计中的室外活动场地承载了多种室外活动功能，包括学生课间休息和活动、早操、升旗仪式等，这类室外场地的气候性能就显得尤为重要。

从另一角度分析，公共建筑空间形态的组织不仅是对功能和行为的一种组织布局，也是对内部空间各区域气候性能及其实现方式所进行的全局性安排，是对不同空间效能状态及等级的前置性预设。因此，在驾驭功能关系的同时，要根据其与室外气候要素联系的程度和方式展开布局，其基本的原则在于空间气候性能的整体优先和综合效能的整体控制。

向传统和自然学习

2018年5月，习近平总书记出席全国生态环境保护大会，发表重要讲话，强调，"中华民族向来尊重自然、热爱自然。"

中国的民间传统是强调节俭的，我们通常把中国传统文化挂在嘴上，但其实并没有真正用心去做，有很多地方需要回归，恢复中国自己的传统价值观，以面向未来的可持续设计去传承我们的传统文化。面向未来的绿色建筑创新，是向中国传统文化的回归。

建筑向自然学习，尊重自然规律。建筑更应融于自然，要遵循自然规律，与自然相和。传统建筑

和人们的传统生活方式中，存在大量针对气候应变的情况。这些是先人们在千百年与自然气候相互对话中积累下来的宝贵的知识财富。

向传统学习借鉴，使用当地材料和建筑技术，继承和发扬传统经验。向自然学习，因地制宜，最大限度地尊重自然传递的设计信息，利用地域有利因素和资源，顺应自然、趋利避害。

气候适应型绿色公共建筑设计中，建筑师应以传统和自然经验为指导，以形态空间为核心，以环境融合为目标，以技术支撑为辅助，践行地域化创作策略。

在绿色建筑设计中，建筑师应遵守以下操作要点：

（1）选址用地要环保——保山、保水、保树、保景观；

（2）创造积极的不用能空间——开放、遮雨遮阳、适宜开展活动、适宜经常性使用；

（3）减少辐射热——遮阳、布置绿植、辐射控制、屋顶通风；

（4）延长不用能的过渡期——通风、拔风、导风、滤风；

（5）减少人工照明——自然采光、分区用光、适宜标准、功能照明与艺术照明相结合；

（6）节约材料——讲求结构美、自然美、设施美，大幅度减少装修，室内外界面功能化，使用地方性材料，可循环利用。

对使用者、环境、经济、文化负责

宜居环境是建筑设计的根本任务。塑造高品质

建筑内外部空间与环境，为人民提供舒适、健康、满意的生产生活载体。

随着空调建筑的到来，建筑可以在其内部营造一个与外界隔离且封闭的气候空间，以满足使用者舒适性的需求，带来全球化、国际化的空间品质。然而，这些都是以巨大的能源资源消耗、人与自然的割裂为代价的。在环境问题凸显的今天，在生物圈日渐脆弱的当下，这种建筑方式必须改变。

气候适应型建筑设计强调理性的设计态度，通过理性的设计，找到建筑真正的、长久的价值。同时，设计的理性将引导使用理性，促使设计者与使用者达成共识。

气候适应性价值观引导建筑走向与地域气候的适应与和解。气候适应型建筑设计对建设领域碳排放具有重大的意义，将为我国的碳中和与碳达峰计划的实现带来积极和重要的促进意义。

绿色建筑美学

坚持气候适应性设计，坚持形式追随气候，将使气候适应型建筑获得空间之美、理性之美、地域之美、和谐之美。

坚持气候适应性设计，坚持形式追随气候，是一种以理性的建筑创作手段拓展创作空间的方法，将促使建筑乃至城市形成地域化风格，以理性的态度破解当今千城一面的城市状态。

坚持气候适应性设计，坚持形式追随气候，是建筑设计与自然对话的一种方式。天人合一，与自然的和谐共生，是东方文明的底色，是独具特色的中华文明审美。建筑是环境的有机组成部分，因地制宜是我们古人所提倡的环境观。敬畏自然，融入环境，提倡自然、质朴、有机的美学是创作的方向。

绿色建筑美学是生态美在建筑上的物化存在。随着生态理念的深入人心，绿色建筑技术对传统建筑美学正在产生有力的影响。随着计算机和参数化设计技术的发展，更精细准确的性能模拟和优化逐渐成为可能。在数字技术的加持下，未来的绿色建筑设计必将产生大的变革，新的绿色建筑形态将极大地拓宽和改变建筑学的图景。建筑应积极迎接绿色发展的时代要求，创新绿色建筑新美学。

建筑美的发展将有下面几个重要的趋势：

（1）本土化——从气候到文脉、到行为、到材料的在地性；

（2）开放化——从开窗到开放空间，到开放屋顶，到开放地下；

（3）轻量化——从轻体量到轻结构，到轻装饰、轻材质；

（4）绿色化——从环境绿到空间绿，到建筑绿；

（5）集约化——少占地，减造价，方便用，易运维；

（6）长寿化——从空间到结构，到材质，到构造的长寿性；

（7）产能化——从用能到节能，到产能，到产用平衡；

（8）可视化——从形态到细部，到构造，到技术的可视、可赏；

（9）再生化——化腐朽为神奇，激活既有建筑资源的价值。

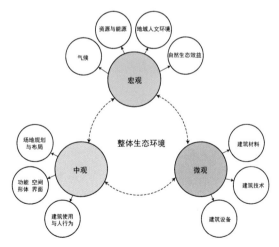

整体生态环境建筑设计相关要素示意

[概述]

人的生活方式不"绿",不仅导致了建筑的高能耗,也带来人体的不健康。设计上可以考虑创造自然的空间,对人的行为模式进行引导,向健康的方向发展。

少拆除、多利用

延长建筑的使用寿命是最大的节能环保。

旧建筑利用不是仅仅保护那些文物建筑,应最大限度地减少建筑垃圾的排放,并为此大幅提高排放成本,鼓励循环利用,同时降低旧建筑结构升级加固的成本,让旧建筑的利用在经济上有利可图。

以树立建设节约型社会为核心价值观,以节俭为设计策略,以常识为设计基点,以适宜技术为设计手段去创作环境友好型的人居环境。

少扩张、多省地

节省土地资源是最长久的节能环保。

城市迅速扩张中,有很多土地资源的浪费。职住距离太远,造成交通能耗很高,不仅通勤时间延长,大量的货物运输、市政管线都造成了更多的能源消耗。做紧凑型的城市、呈紧凑型发展是最重要的。

少人工、多自然

适宜技术的应用是最应推广的节能环保。

外在,形态上让建筑从大地中长出来;内在,技术上是建构自明的建造;心在,态度上是自信的建造、设计上是用心的建造、实施中是在场的建造;自在,是自然的状态、淡定的状态。

少装饰、多生态

引导健康生活方式是最人性化的节能环保。

[概述]

建筑师主导的气候适应性设计需要通过合理的场地布局，及功能、空间、形体界面的优化调整，改善室内外建成环境，使其符合使用者的人体舒适性要求。绿色公共建筑的气候适应性机理，基于建筑与资源要素、气候要素、行为要素之间的交互过程，通过各种设计方法、技术与措施，调节过热、过冷、过渡季气候的建筑环境，使其更多地处于舒适区范围内，从而扩展过渡季舒适区时间范围，缩短过冷过热的非过渡季非舒适区的时间范围，在更低的综合能耗下满足建筑舒适性要求的气候调节与适应的过程。

资源要素

气候适应性设计涉及的资源要素主要包括土地、能源和资源等。其中能源主要为可再生能源，包括太阳能、风能、地热能等。材料资源包括地域材料、高性能材料、可循环利用材料等。气候适应性设计与土地、能源、材料发生交互，包括节约土地、减少土地承受的压力，减少常规能源使用与利用可再生能源，以及利用地域性材料、高性能材料、可循环材料，提高经济性、降低建筑能耗和减轻环境污染。

气候要素

不同地域的气候特征及变化规律通常用当地的气候要素来分析与描述。气候要素不仅是人类生存和生产活动的重要环境条件，也是人类物质生产不可缺少的自然资源[①]。生活中人体对外界各气候要素的感受存在一定的舒适范围，而不同季节、不同气候区自然气候的变化曲线不同，其与舒适区的位置关系不同，相应的建筑与气候的适应机理也不同。如图所示：

（1）对过热气候的调节适应（蓝色箭头）：通过开敞散热、遮阳隔热，将过热气候曲线往舒适区范围内"下拽"，以达到缩短过热非过渡季，同时降低最热气候值以减少空调能耗的目标。

（2）对过冷气候的调节适应（橙色箭头）：通过紧凑体形保温、增加得热，将过冷气候曲线往舒适区范围内"上拉"，以达到缩短过冷非过渡季，同时提高最冷气候值以减少供暖能耗（或空调能耗）的目标。

（3）对过渡季气候的调节适应（绿色箭头）：春秋过渡季气候处于人体舒适区范围内，通过建筑的冷热调节延长过渡季，并在其间通过引导自然通风等加强与外界气候的互动。

---

① 顾钧禧. 大气科学辞典 [M]. 北京：气象出版社，1994.

（4）扩展舒适区范围（粉色箭头）：根据人的停留时长、人在空间中的行为等标准，将建筑内的不同空间进行区分。走廊、门厅、楼梯等短停留空间的气候舒适范围较办公室、教室等功能房更大，可在一定程度上进行扩展。

刘加平院士指出，"建筑的产生，原本就是人类为了抵御自然气候的严酷而改善生存条件的'遮蔽所'（shelter），使其间的微气候适合人类的生存"[1]。对建筑内微气候造成影响的主要外界气候要素主要包括温湿度、日照、风三项，不同气候条件下，绿色建筑气候适应设计机理对应的主控气候要素各有侧重。

（1）温湿度以传导的方式与建筑进行能量交换。过热与过冷季节须控制建筑的室内外温湿度传导，以节约过热季的空调能耗、过冷季的采暖能耗。可通过增加场地复合绿化率、控制建筑表面接触系数、增加缓冲空间面积比、调整窗墙面积比等方法调控温湿度对建筑的影响。

（2）风以对流的方式与建筑进行能量交换。过热季可利用通风提升环境舒适性，过冷季须减少通风导致的能耗损失，过渡季须增加室内外通风对流，以促进污染物扩散、提高人体舒适度、增进人与环境的融入感。可通过控制场地密集度、调整空间透风度、调整外窗可开启面积比等方法调控风对建筑的影响。

行为要素

人基于不同行为对不同空间的采光、温度、通风有差异化的需求，对室内外及缓冲空间的接受度也因行为而异。同时，室内人员对建筑室内设备的调节和控制，例如开窗行为、空调行为、开灯行为，也会对建筑能耗产生重要影响。人的行为在建筑能耗中是一个不可忽视的敏感因素，也是造成建筑能耗不确定性的关键因素。

人的行为活动和需求决定了建筑的功能设置和空间形态，但同时建筑体验对人亦有反作用。合理的建筑空间与环境设计可以引导人的心理和行为，充分挖掘建筑空间的潜力，以达到绿色节能的目的。因此，建筑师在气候适应性设计中需要充分了解建筑中人员行为的内在机制，考虑对绿色行为的引导和塑造，重视建筑所具有的支持使用者的社会生活模式及行为的调节作用，以实现行为节能，减少不必要的能源浪费。包括以下两个方面。

（1）借助定量化分析和模拟技术，对人员行为规律、用能习惯等现象进行模拟，评估人的行为对建筑性能的影响，以支撑实际工程应用。

（2）注重缓冲空间对功能布局和人的行为的引导作用，可综合利用多种被动式设计策略、结合主动式设备的优化和运行调节等方法，既实现改善环境、降低公共建筑建筑能耗的目的，又可有效遮挡太阳辐射及控制室内温度等，为使用者提供舒适的休闲场所。

---

① 刘加平，谭良斌，何泉. 建筑创作中的节能设计 [M]. 北京: 中国建筑工业出版社，2009.

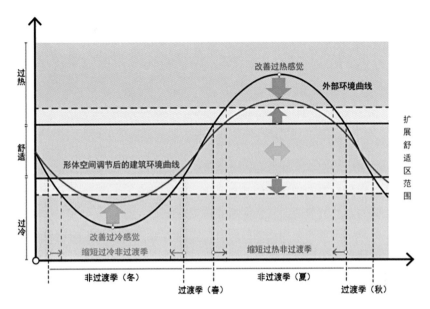

绿色公共建筑的形体空间气候适应性机理示意
来源："十三五"国家重点研发计划"地域气候适应型绿色公共建筑设计新方法与示范"项目（项目编号：2017YFC0702300）课题1研究成果《绿色公共建筑的气候适应机理研究》

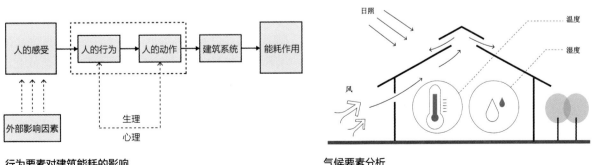

行为要素对建筑能耗的影响　　　　　　　　　**气候要素分析**

[概述]

气候适应型绿色公共建筑需要建筑能够适应气候在地域空间和时间进程中的动态变化，保持建筑场所空间与自然气候的适宜性联系或可调节能力，从而在保障实现建筑使用功能的同时，实现健康、节约和环境友好的建筑性能与品质。

气候适应型绿色公共建筑设计方法是由建筑师统筹、优先于设备节能等主动措施之前的始于设计上游的创造性行为，是"气候分析—综合设计—评价反馈"往复互动的连续进程。这种方法从"自然—人—建筑"的系统思维出发，从气候与建筑的相互影响机制入手，旨在谋求通过建筑师的设计操作，按照"建筑群与场地环境—建筑单体的空间组织—空间单元—围护结构和室内分隔"的建筑空间形态基本层级，开展建筑设计及分析工作，建立人、建筑、气候三者之间的良性互动关系，形成一个开放的设计系统。其核心内涵在于通过对建筑形态的整体驾驭，实现对自然气候的充分利用、有效干预、趋利避害的目标。气候适应性设计方法对于推进绿色公共建筑整体目标的达成具有关键的基础性意义。

气候分析

自然气候中的不同要素有其不同的存在和运动方式，并受地理、地表形态和人类活动的干预而相互作用。气候是建筑设计的前提，又被设计的结果所影响。在气候与建筑的相互作用中，建筑师应该发挥因势利导的核心能动作用，需要对气候的尺度、差异性和相对性有所认知，在面对场地时，首先进行气候学分析，并以此作为建筑设计的气候边界条件。

（1）气候的尺度

根据气候现象的空间范围、成因、调节因素等，可将气候按不同的尺度划分为宏观气候、中观气候和微观气候。宏观气候尺度空间覆盖范围一般不小于500km，大则可达数千公里往往受强大的气候调节能力因素的影响，如洋流、降水等；中观气候尺度空间覆盖范围大约从10km到500km不等，调节因素包括地形、海拔高度、城市开发建设强度等；微观气候尺度范围从10m到10km不等，可以进一步细分为场地微气候、建筑微气候、建筑局部微气候等，调节因素包括坡度、坡向、水体、植被等地形地貌要素和建筑物等人工要素。场地的微气候是绿色公共建筑设计时不能忽视的重要因素，建筑师需正确评估和把握场地微气候的特征和规律，在实际设计过程中协调场地微气候与建筑形态布局、功能需求之间的矛盾。

（2）气候的差异性和相对性

气候的差异性：即气候的动态变化，反映在空间与时间两个维度。在空间维度上以建筑气候区划为基本框架，"地域—城镇—地段—街区（建筑群）—建筑"，构成了地域大气候向场地微气候逐渐过渡的层级；在时间维度上随季节和昼夜的周期性转变，以及在不同地域的时长差异，从而表现出复杂多样的具体气候形态。在不同的外部自然气候条件和物理环境需求下，诸如向阳与纳凉、采光与遮阳、保温与散热、通风与防风等方面往往使设计面临矛盾与冲突。因此，气候调节的不同取向要求建筑设计必须根据其具体的状况抓住主要矛盾，作出权重适宜的设计决策。

气候的相对性是指气候的物理属性是一种客观存在，但不同人群对气候的感知因时间、因地理、因年龄等因素而存在不同程度的差异。建筑空间的气候舒适性区间指标需充分考虑因人而异的相对性，避免绝对化设置，针对地域环境条件、建筑功能类型、特定服务对象以及具体使用需求等做出合理化设计。

场地布局

建筑与地域气候的适应性机制首先体现在其场地及周边环境的层面。这种机制取决于地形地貌、场地及周边既有建筑、拟建建筑与地区气候和地段微气候之间的相互联系与作用。公共建筑在该层级的设计应以建筑（群）对所处地段及场地微气候的适应与优化为基本原则和目标。气候适应性设计需要通过利用、引导、调节、规避等设计策略，对

风、光、热、湿等气候要素进行有意识的引导或排斥、增强或弱化，从而避免负面微气候的产生，进而实现气候区划背景下的微气候优化。基于上述原则，设计可以从建筑选址、建筑体量布局、地形利用与地貌重塑、交通空间组织等方面，搭建场地总体布局形态的气候适应性设计架构。

功能、空间、形态与界面

建筑的气候调节机制在于其物质空间形态所奠定的基础。建筑形态从基本格局上建立了空间环境与自然气候的性能调节关系。绿色公共建筑设计方法的核心就在于通过基本的形态设计进行气候调节，实现建筑空间环境的舒适性和低能耗双重目标。

对于公共建筑而言，其空间、形体、界面的设计不仅是对功能和行为的一种组织布局，也是对内部不同空间能耗状态及等级的前置性预测。因此，在驾驭功能关系的同时，要根据其与室外气候要素联系的程度和方式展开布局。针对使用空间因其功能、界面形式而产生的气候性能要素及其指标要求的严格程度，可将公共建筑空间分为普通性能空间、低性能空间和高性能空间。在综合考虑公共建筑功能差异、空间构成、形态组织与界面关系的基础上，基于整体气候性能的空间形态组织应充分遵循整体优先、利用优先、有效控制和差异处置的基本原则，其具体设计方法体现为以下几个方面。

（1）根据空间性能设置气候优先度：普通性能

Framework

建筑空间气候性能的等级分类

	低性能空间	普通性能空间	高性能空间
能耗预期	低	取决于设计	高
空间类型	设备空间、杂物储存等	办公室、教室、报告厅、会议室、商店等	观演厅，竞技比赛场馆，恒温恒湿、洁净空间等

来源：韩冬青，顾震弘，吴国栋. 以空间形态为核心的公共建筑气候适应性设计方法研究[J]. 建筑学报，2019（04）：78-84.

空间应布置在利于气候适应性设计的部位，对自然通风和自然采光要求较高的空间常置于建筑的外围，对性能要求较低的空间则时常置于朝向或部位不佳的位置。

（2）充分拓展融入自然的低能耗空间潜力：融入型空间可以承载许多行为活动而无需耗能，过渡型空间可以作为室内外气候交换和过渡的有效媒介，排斥型空间通常以封闭形态而占据建筑的内部纵深。

（3）优先利用自然采光与通风：建筑内部空间形态的确立应根据空间与自然采光的关系和建筑内部风廊的整体轨迹进行综合驾驭。

（4）根据功能特征对气候要素进行差异性选择：通过空间的区位组织，为风、光、热等各要素的针对性利用和控制建立基础，在综合分析其影响下形成各类型空间的整体配置与组织。

（5）建筑外围护结构和室内分隔是空间营造的物质手段：外围护界面是建筑内外之间气候调节的关键装置，室内分隔界面则是内部空间性能优化的重要介质。

技术协同

基于技术协同的气候适应型公共建筑设计方法即物化建筑综合绿色性能的设计逻辑，以气候认知和项目策划为起点，从感性的认知型设计转为通过对空间形态和环境舒适性分析的综合性技术设计，从经验导向型设计转为证据导向型设计。这种设计过程需要与性能分析建立反馈互动，促进结构和设备等多专业的协同配合，并延伸至施工、运维、评估等相关环节；需要建立全过程系统性的综合组织机制。具体要点如下：

（1）建立服务于建筑项目设计团队的多专业协作的集成化组织结构，需遵循项目目标性、专业分工与协作统一、精简高效等基本原则。分工明确、责权清晰、流程顺畅且能协作配合，为项目设计管理的运作提供有力支撑和保障。

（2）技术协同要在多个关键节点（前期概念策划、方案设计、深化设计、经验提取与设计反馈）中均体现建筑师的核心作用，需能针对绿色建筑的关键问题，从始至终统领或协调各专业设计全过程。

（3）建筑、结构、设备等各专业的团队协作与配合对推动气候适应型绿色公共建筑的设计优化具有重要影响。

在绿色建筑前期概念策划阶段，建筑师制定气候适应型绿色公共建筑设计的概念策划，明确绿色建筑的设计方向与目标，从气候特征与设计问题出发，开展气候适应性机理与公共建筑特征的关联机制分析；结构工程师在掌握项目所在地的地质和水文条件的基础上，依据建筑设计方案确定结构方案和地基基础方案，并开展结构方案比选、结构选型及布置等工作；设备工程师与建筑师协同开展工作，收集前期气候、地形、规划、市政条件等设计资料，并确保综合绿色性能的有效实施。

在绿色建筑方案设计和深化设计阶段，鼓励结构、设备等团队成员从各专业角度、项目目标和设计任务书要求出发，结合建筑师对设计提出的一系列前置性要求，开展专业设计工作。在全过程中，需要结合相关专业性能计算与分析，从群体布局设计、功能组织、建筑空间形态、空间模块设计、围护结构与细部四个层面，不断验证和反馈绿色设计技术可行性，推动设计优化过程。

[概述]

我国严寒、寒冷、夏热冬冷及夏热冬暖等不同气候区条件差异显著，而在大量公共建筑的绿色设计工程实践中，需要综合考虑所在气候条件，需充分考虑公共建筑的大体量、大进深、功能复杂、空间形式多样、空间融通度高等典型设计特点和相应设计需求。故服务于场地规划、建筑布局、功能组织、形体生成、空间优化、界面设计等各类实现建筑绿色性能优化的系统化体系的建构是一个重要且紧迫的任务。因建筑师对各种新型设计技术的了解与运用能力参差不齐，我国大量绿色建筑设计实践依然沿袭传统设计技术与习惯，导致各类现有先进的设计技术对绿色公共建筑设计的指导水平有较大欠缺，大大降低了新型绿色建筑设计技术在我国的应用程度与水平，亦造成公共建筑的综合绿色性能不佳与能耗浪费。

因此，我们需要总结已有绿色公共建筑的经验与教训，研究和借鉴国际先进的绿色建筑技术体系与设计经验，匹配新型绿色公共建筑创作设计的流程需要，提出适用于我国不同典型气候区的新型体系化的绿色公共建筑气候适应型设计技术。新型绿色公共建筑气候适应型设计技术主要包括"场地布局""功能空间形体界面""技术协同"三方面的

内容。

新型绿色公共建筑气候适应型设计技术体系可充分利用数据搜索匹配、性能模拟、即时可视、智能化算法、影响评估等各项先进的技术手段，为设计前期的场地气候、资源、环境水平等设计条件提供分析，以及在方案形成过程中的场地、布局、功能、空间、形体、围护结构等各阶段进行高效快速的设计推演，并对可再生能源利用模式、环境调控空间组织与末端选型等设备适配方案涉及的多专业技术协同等内容提供体系化的技术支撑与指引。

场地布局

"场地布局"包括"场地气候资源条件分析"设计技术，以及同阶段"场地布局设计与资源利用推演设计"设计技术内容。具体体现为以下几点。

（1）公共建筑与地域气候的适应性机制首先体现在场地及周边环境的层面，这种机制取决于地形地貌、场地及周边既有建筑、拟建建筑与地区气候和地段微气候之间的相互联系与作用。

（2）场地气候资源条件分析：在场地选择和设计上，针对建筑所处的场地环境，通过对场地进行场地气候条件分析、资源可利用条件分析、场地现状环境物理条件分析，充分了解建筑所在场地具体设计气候特征与资源可得状况依据的相关设计技术。

（3）场地布局设计与资源利用推演：在建筑规划布局阶段，基于场地设计条件，充分利用场地现有气候条件与资源可利用条件，借助性能模拟分析等手段推演优化，以室外微气候、建筑节能与室内

环境性能优化等综合绿色性能为目标，调整以完成场地的规划设计与建筑布局的相关设计技术。

功能、空间、形体与界面

"功能、空间、形体、界面"主要包括各类可支持建筑本体方案生成过程中，涉及功能、空间、形体、界面等核心要素的各种设计策略要点匹配，以及基于智能化算法、性能模拟等新型技术的即时可视化、环境影响后评估、需求指标分析验证、环保评价等辅助设计的设计技术内容。

（1）形体生成推演技术

在建筑的形体生成设计阶段，基于气候条件差异及场地布局设计，借助性能模拟分析、即时可视化等先进技术手段，推演优化，调整建筑群体或单体的形状、边角、适风、向阳等，应对、控制建筑与外部气候要素交互关系，完成建筑的体形、体量、方位等形体生成的相关设计技术。

（2）空间推演技术

在建筑的空间设计阶段，基于外部气候条件差异及建筑内部空间功能与性能需要，以建筑节能与室内环境性能优化为目标，借助数据搜索匹配、性能模拟分析等先进技术手段推演优化，合理调整建筑空间的组织与组合，空间模块的尺度、形态、性质，空间可变与因时而变的兼容拓展与灵活划分等空间设计内容，完成建筑空间气候适应性设计的相关设计技术。

（3）建筑界面推演技术

在建筑的围护结构设计阶段，基于外部气候条件差异及建筑的内外围护结构界面针对光、热、风、湿等关键气候要素的设置需要，借助性能模拟分析等先进技术手段，通过选择吸纳、过滤、传导、阻隔等不同技术路径，以实现采光或遮光、通风或控风、蓄热或散热、保温或隔热等围护结构不同性能，以合理调整建筑内外围护结构的形式、选材、构造等界面设计内容，完成建筑界面气候适应性设计的相关设计技术。

技术协同

建筑师主导的以空间为核心的绿色建筑设计的各项策略方法同样需要结构、设备等各专业的配合与深化，需要落实为具体的技术参数和措施，也需要各专业在施工过程和使用运维阶段进行评测和检验；此外，建筑本体在调节外部自然气候的基础上，仍需借助人工附加控制的能源捕获与供给、环境调控设备，提升建成环境质量。这些工作需要综合多项学科知识以协同多专业配合与沟通，包括设计前期策划阶段的场地气候资源条件分析，对各设计阶段方案推演设计过程中能耗与物理环境影响评估反馈的环境影响后评估分析技术；以及在建筑的主动式设备选型设计阶段，基于外部气候条件差异及建筑的可再生能源利用和空间物理环境控制需要，以建筑节能与室内环境性能优化为目标，借助性能模拟分析等先进技术手段，合理选择建筑产能类型匹配度高的可再生能源利用模式与形式，确定调控高效的采暖制冷末端选型，最终完成建筑主动式设备选配设计等相关技术内容。

本导则总共由五部分构成。F为整体架构与导读，C为地域气候特征分析，P、B、T分别按照场地与布局，功能、空间、形体、界面，技术协同三部分，逐条进行技术分析。

本导则是建筑师视角的关于绿色建筑设计的综合性指引性文件，从"设计机理—设计方法—技术体系—示范应用"四个层面进行条文技术编制，对部分关键性措施与指标和设计要点等进行了阐述。

在本导则中，每项条文都在页面的顶部进行了章节定位描述，顶栏下方标明条文目的，并对各项条文提出了目的、设计控制、设计要点、关键措施与指标、相关规范与研究，以便于设计人员结合实际情况有针对性地实施各项条文技术。

本导则中所列条款，在实际项目中可根据具体条件进行分析测算，并综合考虑建议范围，调整最终指标。

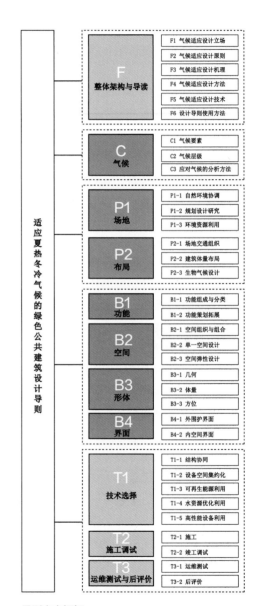

导则文本框架

Framework

策略检索方法

目的
设计控制
设计要点

图解
分析

关键措施与指标
相关规范与研究

典型案例

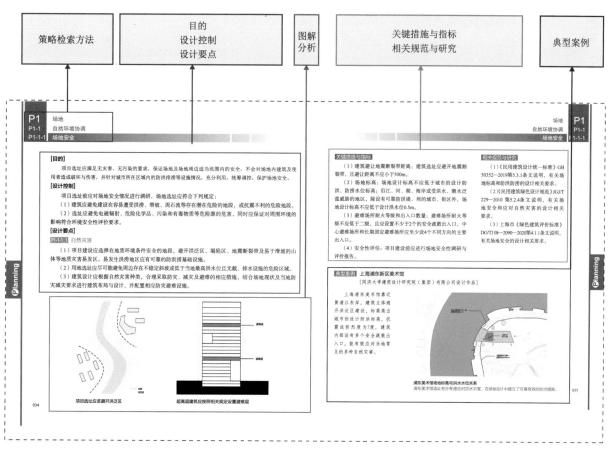

导则查询方法

C 气候
Climate

气候部分，是阐述建筑师在设计初期了解如何去选择、获取、解读气候数据的一些通用性方法，通过这一过程，有利于建筑师在设计早期认识当地的气候特征以便更好地确定气候适应性策略。

C1气候要素。本部分主要是对夏热冬冷地区的基本情况进行分析，包括地域气候概况及温湿度、风速及风玫瑰图、太阳辐射、降水与水文及气候的适应性等方面。重点分析了长三角地区的气候要素数据，以便建筑师获得基础的认知。

C2气候层级。气候是分层级的，区别于全球气候变化及天气预报那种大尺度的气候分析，建筑用的气候数据一般为地区气候或微气候尺度数据，并明确了相关可用的地区气候数据来源及微气候气象数据的获取方式。

C3应对气候的分析方法。本节从风、光、热三个方面，对夏热冬冷地区的气候分析方法及策略进行了阐述。

Climate

[地域概况]

夏热冬冷地区主要是指长江中下游及其周围地区，该地区的范围大致为陇海线以南、南岭以北、四川盆地以东，包括上海市、重庆市，湖北、湖南、江西、安徽、浙江五省的全部，四川和贵州两省东半部，江苏、河南两省南半部，福建省北半部，陕西、甘肃两省南端，广东、广西两省北端。

[气候概况]

夏热冬冷地区是指我国最冷月平均温度满足0~10℃，最热月平均温度满足25~30℃，日平均温度≤5℃的天数为0~90天，日平均温度≥25℃的天数为49~110天的地区，是我国气候分区五个区中的一个。

本节以长三角地域为例，分析本区域的气候特征。长三角地区包括上海、浙江、江苏及安徽东部地区。该区域夏季高温，大部分地区最高温度可达到40℃，极端时甚至能达到42℃，平均温度较同纬度其他地区高2℃左右。冬季寒冷，常有冷空气袭击，大部分地区平均温度0~8℃。由于长江流域水网密集，并且夏季受江南春雨和江淮梅雨的影响，该区域空气湿度高。由于南边丘陵、山脉的影响，夏季静风率高，局部区域会出现地方性风场。

[设计要点]

本气候区的建筑物必须满足夏季防热、通风、降温要求，冬季应适当兼顾防寒。总体规划、单体设计和构造处理应有利于良好的自然通风，建筑物应避西晒，并满足防雨、防潮、防洪、防雷击要求，夏季施工应有防高温和防雨的措施。

Climate

[定义]

温度是指距地面1.5m高的空气温度。空气湿度是指空气中水蒸气的含量。这些水蒸气来源于江河湖海的水面、植物以及其他水体的水面蒸发，通常以绝对湿度和相对湿度来表示。

[气候特点]

以长三角地区为例，参考上海、南京、合肥、杭州四个城市的月平均干球温度，其趋势及数据具有高度的相似性。全年平均气温在16～17℃。夏季7～8月气温偏高，月平均干球温度普遍达到28℃，需要为建筑空间制冷；冬季12月至次年2月气温普遍低于10℃，1月为最冷月，最低温度普遍低于5℃，需要为建筑空间供暖；春季和秋季温度适中，可充分利用自然通风。

长三角地区因为江河湖泊众多，水网密集，由于水体的蒸发作用，空气中水汽多。上海、南京、合肥、杭州四个城市的月平均相对湿度较高，一般在60%～90%之间，常年湿度很高。月平均露点温度随着温度的升高而升高，其峰值一般在7～8月，露点温度接近25℃，谷值出现在12月到次年2月，露点温度在0℃左右。其中5～10月上旬全天湿度都较高。

[设计要点]

夏季防热、冬天保温、过渡季自然通风利用是长三角地区公共建筑节能设计策略的重点，需适当考虑机械通风、除湿设备等主动式除湿策略。

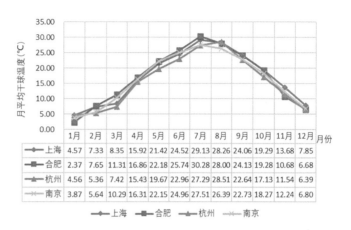

	1月	2月	3月	4月	5月	6月	7月	8月	9月	10月	11月	12月
上海	4.57	7.33	8.35	15.92	21.42	24.52	29.13	28.26	24.06	19.29	13.68	7.85
合肥	2.37	7.65	11.31	16.86	22.18	25.74	30.28	28.00	24.13	19.28	10.68	6.68
杭州	4.56	5.36	7.42	15.43	19.67	22.96	27.29	28.51	22.64	17.13	11.54	6.39
南京	3.87	5.64	10.29	16.31	22.15	24.96	27.51	26.39	22.73	18.27	12.24	6.80

长三角城市月平均干球温度

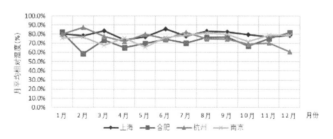

长三角城市月平均相对湿度

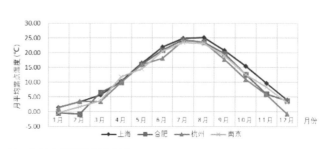

长三角城市月平均露点温度

[定义]

风是由空气流动引起的一种自然现象，它是由太阳辐射热引起的。

[气候特点]

以长三角地区为例，参考上海、杭州、合肥、南京四个城市的全年风玫瑰图以及城市月平均风速来看，长三角地区年平均风速为1~4m/s。上海全年盛行东北风，南京、合肥全年以东风为主，杭州地区则以北风为主。

[设计要点]

城市之间因为地理位置等其他原因导致风向有所差异，但总的来说夏季风以东南向为主，建议在规划布局时留出东南向风道，建筑面向东南向开窗。春秋过渡季节合理组织通风有助于减少建筑对空调设备的需求，冬季寒冷应注意建筑防风。

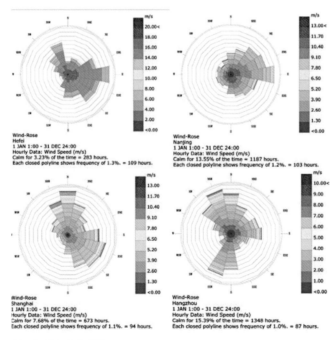

长三角城市风玫瑰图

Climate

[定义]

太阳辐射，是指太阳以电磁波的形式向外传递能量，太阳向宇宙空间发射的电磁波和粒子流。太阳辐射所传递的能量，称太阳辐射能。

[气候特点]

以长三角地区为例，参考上海、南京、合肥、杭州四个城市的月总辐射，太阳辐射量峰值普遍集中在 5～8月，月总辐射达到150kW/m²，谷值普遍集中在11月至次年2月，月总辐射接近60kW/m²。

[设计要点]

本气候区主要需处理夏季辐射与冬季辐射的矛盾。这里将夏季辐射与冬季辐射单独分析：夏季直接辐射主要来自西向，同时间接辐射也很强，因此在建筑设计过程中需防止西晒，建议采用遮阳设施，并结合太阳高度角进行遮阳设计分析。同时提高围护结构的热工性能来隔绝夏季辐射的不良影响；冬季的间接辐射弱、直接辐射强，直接辐射主要来自南向及西南向，应合理组织开窗引入有利太阳辐射。

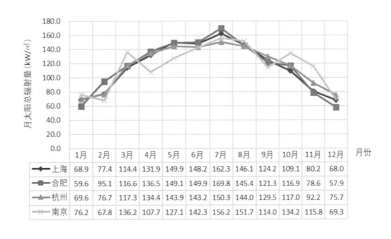

月份	1月	2月	3月	4月	5月	6月	7月	8月	9月	10月	11月	12月
上海	68.9	77.4	114.4	131.9	149.9	148.2	162.3	146.1	124.2	109.1	80.2	68.0
合肥	59.6	95.1	116.6	136.5	149.1	149.9	169.8	145.4	121.3	116.9	78.6	57.9
杭州	69.6	76.7	117.3	134.4	143.9	143.2	150.3	144.0	129.5	117.0	92.2	75.7
南京	76.2	67.8	136.2	107.7	127.1	142.3	156.2	151.7	114.0	134.2	115.8	69.3

长三角城市月太阳总辐射量

Climate

[定义]

降水是指空气中的水汽冷凝并降落到地表的现象，它包括两部分：一是大气中水汽直接在地面或地物表面及低空的凝结物，如霜、露、雾和雾凇，又称为水平降水；另一部分是由空中降落到地面上的水汽凝结物，如雨、雪、霰雹和雨凇等，又称为垂直降水。

水文指的是自然界中水的变化、运动等各种现象。

[气候特点]

以长三角地区为例，本地区降雨量峰值普遍集中在6～8月。其中上海地区最高降雨量在8月，月平均降雨量可达到198mm；合肥和南京的降雨量峰值在7月，月平均降雨量分别为216mm、173mm；杭州降雨量峰值在6月，月平均降雨量为212mm。而10月至次年2月普遍降雨量较小，月平均降雨量在30～75mm之间，其中12月一般为降雨量谷值。

[设计要点]

本地区降水充足，容易导致洪涝灾害，应因地制宜地采取雨水收集与利用措施，同时加强海绵城市设计。大多城市每年6、7月份梅雨季节时期，气候阴沉多雨，器物易霉，可以通过结合通风天井、通风中庭、底层架空等方式加强建筑整体的通风情况，缓解建筑内部的潮湿引起的不舒适等问题。

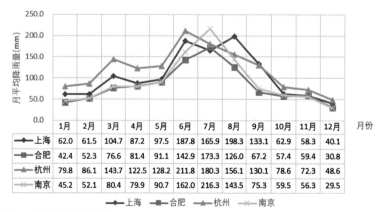

月份	1月	2月	3月	4月	5月	6月	7月	8月	9月	10月	11月	12月
上海	62.0	61.5	104.7	87.2	97.5	187.8	165.9	198.3	133.1	62.9	58.3	40.1
合肥	42.4	52.3	76.6	81.4	91.1	142.9	173.3	126.0	67.2	57.4	59.4	30.8
杭州	79.8	86.1	143.7	122.5	128.2	211.8	180.3	156.1	130.1	78.6	72.3	48.6
南京	45.2	52.1	80.4	79.9	90.7	162.0	216.3	143.5	75.3	59.5	56.3	29.5

长三角城市月平均降雨量

[定义]

建筑适应气候主要解决人的舒适性与安全性问题。由于该地区温高湿重、太阳辐射强烈且雷雨密集，因此要实现人居舒适性的目标，必须满足隔热、散热与降温三个基本要求，与此同时建筑应解决好防雨、防潮和防台风的问题，满足建筑空间环境的安全性和持久性的使用目标。

气候可以分为大气候和小气候。根据下垫面构造特性影响范围的水平和垂直尺度，小气候可以分为地区气候和微气候，介于大小气候之间的为中气候。依照我国《民用建筑热工设计规范》GB 50176—2016所划分的气候区及气候亚区为中气候尺度；而城市级别的气候为地区气候；但各建筑项目的场地气候为微气候。

建筑所在具体环境的微气候与气候区的大气候通常会有区别。建筑所在区域的微气候受地形、人类活动、城市环境等因素的影响，如城市热岛效应、周围建筑或地形对风环境的影响、水体蒸发作用对温度的影响等。建筑的气候适应性必须考虑建筑所在场地的微气候。在进行建筑设计时，应对建筑所在场地的微气候进行分析，根据实际情况制定适宜的建筑策略。

气候尺度分级

气候范围	气候特征的空间尺度（km）		时间范围
	水平范围	垂直范围	
全球性风带气候	2000	3 ~ 10	1 ~ 6个月
地区性大气候	500 ~ 1000	1 ~ 10	1 ~ 6个月
局地气候	1 ~ 10	0.01 ~ 1	1 ~ 24小时
微气候	0.1 ~ 1	0.1	24小时

来源：T. A. 马克斯，E. N. 莫里斯. 建筑物·气候·能量[M]. 陈士骦，译. 北京：中国建筑工业出版社，1990：103-104.

相关规范与研究

秦文翠，胡聃，李元征. 基于ENVI-met的北京典型住宅区微气候数值模拟分析[J]. 气象与环境学报，2015（3）：56-62.

建筑用的气候数据一般为地区气候或微气候尺度数据。城市气候是由城市区域的人为因素和局地气象条件的共同作用形成的，而微气候尺度数据则表征了城市内街区尺度的气候状况，街区尺度下，下垫面、建筑、植被和大气之间的热过程是形成城市微气候的重要原因。他除了受局域太阳辐射、风和大气湿度等自然要素影响外，还受小尺度的下垫面性质及城市中基础设施的配置格局等人为因素的影响。在人为因素中，以下垫面的改变、人为热输出和大气污染物的排放等最重要。因此，越是城市密集区域，越应选用微气候尺度数据，可以为城市空间的优化布局提供更加有益的参考。

[定义]

　　建筑性能模拟是在建筑创作阶段常用的优化建筑设计以提升建筑性能的一种方法。建筑模拟软件承担了复杂的基于物理的计算工作，其普及大大降低了建筑性能研究的门槛，研究者只需建立建筑模型并设置好气象文件，模拟工具便会承担相应的计算工作，并把计算结果直观地展示出来。运用模拟引擎，建筑师和工程师便能通过不断模拟来修正自己的设计，以达到节省能源、提高室内舒适度等目的。建筑性能模拟除了需要对模型进行定义之外，还有一个必不可少的步骤便是设定模拟的气候环境。

　　气候对建筑性能的影响相当大。若要获得准确的有参考价值的模拟结果，则必须使用符合现实情况的气象文件进行模拟。目前，我国现在建筑性能模拟常用的气象数据是基于城市气象站长期观测结果生成的。然而建筑总是处于具体的环境中的，在对建筑进行性能模拟时，应注意使用的气象文件是否能准确描述建筑所在地点的微气候。尤其是大部分的公共建筑处于城市环境之中，由于城市热岛效应，有可能建筑所在环境的微气候与气象站观测的数据有较大差别。在这种情况下，则需要选择相对应层级的气象数据进行建筑性能模拟。

　　国内所涉及的典型气象年气象数据来源主要为公开渠道，若特殊项目，可由甲方委托相关机构提供。其中公开渠道获得可用于微气候分析与建筑能耗模拟的逐时气象数据主要有4种，分别为：

　　（1）中国建筑热环境专用气象数据集（CSWD），来源于清华大学和中国气象局的数据，是国内实测的数据；

　　（2）CTYW来源于美国国家气象数据中心，张晴源作了处理；

　　（3）SWERA来源于联合国环境署空间卫星测量数据，主要偏重于太阳能和风能评估方面；

　　（4）IWEC来源于美国国家气象数据中心，部分辐射及云量数据都是通过计算得到的。

典型气象数据来源表

序号	名称	符号	数据格式	来源	适用范围
1	中国建筑热环境专用气象数据集	CSWD	Xls	中国建筑热环境专用气象数据集软件	绿色设计专篇
			epw	Energyplus官网	DOE-2，BLAST，EnergyPlus，Grasshopper Ladybug
			wea	Autodesk Green Building Studio Ecotect软件	Ecotect
2	美国国家气象数据中心	CTYW	Wea	Ecotect软件	Ecotect
3	联合国环境署	SWERA	epw	Energyplus官网	太阳能和风能评估方面，Grasshopper Ladybug
4	美国国家气象数据中心	IWEC	Wea	Ecotect软件	Ecotect
			epw	Energyplus官网	Grasshopper Ladybug

[定义]

非人工冷热源环境舒适度范围定义：从营造健康舒适、安全高效的建筑室内环境角度考虑，南北方室内温度的接受区的上下边区为18~28℃，在该温度范围，居民通过日常的通风和衣着热阻调节能够满足自身的热舒适要求。而对于室内温度在16~18℃和28~30℃为有限可接受区。

为了方便工程应用，将一定大气压力下湿空气的四个状态状态参数（温度、含湿量、比焓和相对湿度）按公式绘制成图，即为湿空气焓湿图。

[分析方法]

根据焓湿图中的气象数据对各种主动、被动式设计策略进行分析。其中被动式策略与建筑设计的关系尤为密切，建筑师恰当地使用被动式策略不仅可以减少建筑对周围环境的影响，还可以减少采暖空调等的造价与运行费用。同时，主动式策略也有高能低效与低能高效之分，通过在焓湿图上分析主动式策略，也同样可以有效地节约能源。

焓湿图可以用来确定空气的状态，确定空气的4个基本参数，包括温度、含湿量、大气压力和水蒸气分压力与热环境的关系。在气候分析过程中可以借用它来比较直观地分析和确定建筑室内外气候的冷、热、干、湿情况，以及距离舒适区的偏离程度。

热舒适区域可以看作建筑热环境设计的具体目标，通过建筑设计的一些具体措施可改变环境中的因素来缩小室外气候偏离室内舒适的程度。

焓湿图可以对输入的气象数据进行可视化分析，并对多种被动式设计策略进行分析和优化，帮助建筑师在方案设计阶段使用适当的被动式策略，不但减轻了建筑对周围环境的影响，更可减少建筑在使用过程中机械方面的压力。

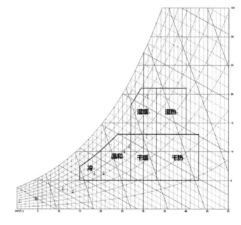

焓湿图

[定义]

风环境对建筑室内外温度、湿度有直接调节作用，对建筑室内外整体环境质量有重要影响。良好的建筑场地风环境应利于室外行走、活动舒适和建筑的自然通风。

评估风环境的需要考虑的参量包括以下几种。

人的风环境舒适范围：当城市街区内部人行高度处，也就是1.5m高度的地方，风速必须不超过5m/s，如此即可保证风环境的热舒适度。

高层建筑开窗：建筑外窗宜为内平开下悬开启形式（中高层、高层及超过100m高度的住宅建筑严禁设计、采用外平开窗）。采用推拉门窗时窗扇必须有防脱落措施。

风压差：当风遇到一栋建筑物时，会在建筑物的迎风面上产生风速较高的高压区，在建筑物的迎风面上产生风速较高的高压区，在建筑物的背风面产生风速较低的低压区，同时风在建筑物边缘流动时被挤压而速度增加，这就是风在建筑前后形成的风压差。

污染物：污染物的扩散很大程度上依赖于空气的流动，只有在足够的风速条件下才能稀释空气中的污染物并将其及时扩散。如果城市中某截取范围内的风速较低，或者风在此处形成了满流区，那么这个街区内很可能成为空气高污染区用户。

目前，风环境分析方法主要有风洞试验法和计算流体力学（CFD）模拟法。其中，风洞实验法准确性高，但有制作成本大、周期长等缺点，难于在工程实践中应用。相较之下，CFD模拟法在快速简便和成本低的同时，实验结果仍能保持较高的准确率。因此，CFD模拟法在实践中可被广泛应用于工程中对比不同设计方案对建筑及场地风环境的影响。建筑设计领域常用的CFD模拟工具有Fluent、AnsysCFX、PHOENICS等。研究者在使用CFD工具进行建筑风环境模拟时，应仔细斟酌模拟工况、边界条件等设置，以保证模拟结果的有效性。

根据《绿色建筑评价标准》GB/T 20378—2019中建议：1. 在冬季典型风速和风向条件下，建筑物周围人行区距地高1.5m处风速小于5m/s，户外休息区、儿童娱乐区风速小于2m/s，且室外风速放大系数小于2；除迎风第一排建筑外，建筑迎风面与背风面表面风压差不大于5Pa。2. 在过渡季、夏季典型风速和风向条件下，场地内人活动区不出现涡旋或无风区；50%以上可开启外窗内外表面的风压差大于0.5Pa。

[定义]

对日照和采光进行分析，首先应计算建筑室内空间在具体的环境中的日照时间，然后分析明确场地周围遮挡物之间的相互关系，最后根据室内日照与采光的效果，调整建筑物总平面设计、体形设计、界面设计。室内的采光应满足《建筑采光设计标准》GB 50033—2013中的要求。室内某一点的采光系数C按下式计算：

$$C=（E_n/E_w）\times 100\%$$

式中　E_n——室内照度；

　　　E_w——室外照度。

此外，还需要采用如下指标参数进行分析评价。

日照率：表达日照覆盖面积占整个场地面积的比值。

日照时数：指太阳直接辐照度达到或超过120W/㎡的时间总和。

采光系数标准值：在规定的室外天然光设计照度下，满足视觉功能要求时的采光系数值。

室外天然光设计照度：室内全部利用天然光设计照度值和相应的采光系数标准值的参考平面上的照度值。

采光均匀度：参考平面上的采光系数的最低值与平均值之比。

对场地日照环境的研究有利于住宅建筑单体及其群体组合形式设计：外部空间环境中的场地设计以及外部空间环境中的道路、绿化植被、水体、小品设施设计等。此外，根据日照环境分析结果，可结合建筑的整体设计在屋顶或外墙面铺设太阳能光热板、光伏板。

天然光营造的光环境以经济、自然、宜人、不可替代等特性为人们所习惯和喜爱。各种光源的视觉实验结果表明，在同样照度条件下，天然光的辨认能力优于人工光。天然采光不仅有利于照明节能，而且有利于增加室内外的自然信息交流，改善空间卫生环境，调节使用者的心情。在建筑中充分利用天然光，对于创造良好光环境、节约能源、保护环境和构建绿色建筑具有重要意义。

评价自然采光效果好坏的主要指标为：采光系数、室内天然光照度，特定情况下还需要对采光均匀度、不舒适眩光等采光质量进行控制。常规情况下，对于侧窗采光，需要考察建筑室内采光系数，天然采光需要考察建筑室内采光系数、采光均匀度。

P 场地设计
lanning

场地设计部分，是建筑师在场地布局阶段根据夏热冬冷地区气候特色进行绿色建筑设计的方法与策略。建筑师应根据不同的场地条件进行分析，选取最适宜的场地布局方式进行组合，形成最优绿色建筑布局方案。

P1场地。本部分注重生态保持与重塑，包括自然环境协调、规划设计研究、环境资源利用三个方面，是针对场地内部及周边前置条件的分析及研究。

P2布局。本部分注重绿色布局与组织，包括场地交通组织、建筑体量布局、生物气候设计三个方面，是具有针对性的场地绿色设计策略与布局。

[目的]

项目选址应满足无灾害、无污染的要求，保证场地及场地周边适当范围内的安全，不会对场地内建筑及使用者造成破坏与伤害，并针对城市所在区域内的防洪排涝等设施情况，充分利用，统筹调控，保护场地安全。

[设计控制]

项目选址前应对场地安全情况进行调研，场地选址应符合下列规定：

（1）建筑应避免建设在容易遭受洪涝、滑坡、泥石流等存在潜在危险的地段，或抗震不利的危险地段。

（2）选址应避免电磁辐射、危险化学品、污染和有毒物质等危险源的危害，同时应保证对周围环境的影响符合环境安全性评价要求。

[设计要点]

P1-1-1_1 自然灾害

（1）项目建设应选择在地质环境条件安全的地段，避开洪泛区、塌陷区、地震断裂带及易于滑坡的山体等地质灾害易发区，易发生洪涝地区应有可靠的防洪涝基础设施。

（2）用地选址应尽可能避免周边存在不稳定斜坡或低于当地最高洪水位且无截、排水设施的危险区域。

（3）建筑设计应根据自然灾害种类，合理采取防灾、减灾及避难的相应措施，结合场地现状及当地防灾减灾要求进行建筑布局与设计，并配置相应防灾避难设施。

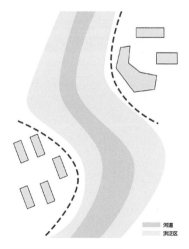

项目选址应该避开洪泛区

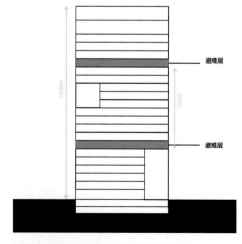

超高层建筑应按照相关规定设置避难层

Planning

关键措施与指标

（1）建筑避让地震断裂带距离：建筑选址应避开地震断裂带，且避让距离不应小于500m。

（2）场地标高：场地设计标高不应低于城市的设计防洪、防涝水位标高；沿江、河、湖、海岸或受洪水、潮水泛滥威胁的地区，除设有可靠防洪堤、坝的城市、街区外，场地设计标高不应低于设计洪水位0.5m。

（3）避难场所耐火等级和出入口数量：避难场所耐火等级不应低于二级，且应设置不少于2个的安全疏散出入口，中心避难场所和长期固定避难场所应至少设4个不同方向的主要出入口。

（4）安全性评估：项目建设前应进行场地安全性调研与评价报告。

相关规范与研究

（1）《民用建筑设计统一标准》GB 50352—2019第5.3.1条文说明，有关场地标高和防洪防涝的设计相关要求。

（2）《民用建筑绿色设计规范》JGJ/T 229—2010 第5.2.4条文说明，有关场地安全和应对自然灾害的设计相关要求。

（3）上海市《绿色建筑评价标准》DG/TJ 08—2090—2020第4.1.1条文说明，有关场地安全的设计相关要求。

典型案例 **上海浦东新区美术馆**

[同济大学建筑设计研究院（集团）有限公司设计作品]

上海浦东美术馆靠近黄浦江东岸，建筑主体避开洪泛区建设，标高高出城市的设计防洪标高，抗震设防烈度为7度，建筑内部设有多个安全疏散出入口，能有效应对当地常见的多种自然灾害。

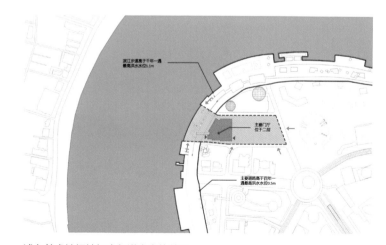

浦东美术馆场地标高与洪水水位关系
浦东美术馆选址充分考虑应对洪水灾害，在场地设计中建立了可靠有效的防洪措施。

Planning

[设计要点]

P1-1-1_2 环境污染

（1）项目选址应避开污染地块，远离噪声、电磁辐射、振动和有害化学品等污染。

（2）用地选址应进行区域生态适宜性评价，保护和利用地表水体，禁止破坏场地与周边原有水系的关系，并应采取措施，保持地表水的水量和水质，保证区域给水、排水安全，防止水体污染。

（3）应调查场地内表层土壤质量，妥善采取回收、保存和利用的措施。

（4）开发建设过程中应采取措施，严格控制对自然和生态环境的不利影响，及时开展生态补偿和修复工作。

相关规范与研究

（1）《民用建筑设计统一标准》GB 50352—2019第3.4.1条文说明，有关建筑与自然环境关系的设计相关要求。

（2）《绿色建筑评价标准》GB/T 50378—2019第8.1.6条文说明，有关场地污染源的设计相关要求。

（3）《民用建筑绿色设计规范》JGJ/T 229—2010第5.3.1条文说明，有关场地环境的设计相关要求。

典型案例 **北控水务余杭第三总部基地**

（中国建筑设计研究院有限公司设计作品）

北控水务余杭第三总部基地以江南地区"四水归堂"为意向，利用立体绿化、中心雨水花园和叠水景观等方式构建小区域的湿地生态系统，涵养地表水体。

立体绿化剖面示意

Planning

[目的]

项目建设应对场地内生物进行有效保护，减少建设活动对土地和环境的破坏，保持良好生态环境。

[设计控制]

（1）项目建设应严格保护重要生态空间和自然栖息地，保护场地内原有植被和野生动物。

（2）项目建设应保护场地内原有地形地貌，降低对整体地形地貌的不良影响，保护地表水体，禁止破坏场地与周边原有水系的关系。

[设计要点]

P1-1-2_1 生物保护

（1）项目选址应当充分考虑野生动物及其栖息地保护的需要，分析、预测和评估项目实施可能对野生动物及其栖息地产生的整体影响，避免或者减少项目实施可能造成的不利后果，尽量保持场地内原有生物栖息环境。

（2）大型公共建筑建设项目的选址选线，应当避让相关自然保护区域、野生动物迁徙洄游通道。无法避让的，应当采取修建野生动物通道、过鱼设施等措施，消除或者减少对野生动物和鱼类的不利影响。

（3）建设用地应构建与自然生物间联系，并应改善或再造生物栖息地。

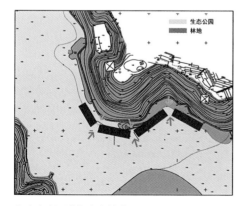

留出生态通道构建自然联系

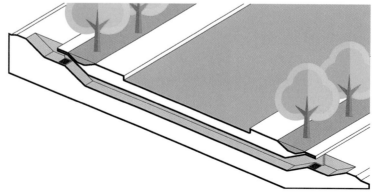

小型生物通道示意

相关规范与研究

（1）《绿色建筑评价标准》GB/T 50378—2019第8.2.1条文说明，有关场地生态环境的设计相关要求。

（2）《民用建筑绿色设计规范》JGJ/T 229—2010第5.3.3条文说明，有关场地生物资源和生物多样性保护的设计相关要求。

（3）陈清华. 生态道路下穿式生物通道设计研究[J]. 上海公路，2011（4）：10，32-34.

城市建设需设置生物通道以减少对生物生存的影响。

典型案例 醴陵一中图书馆

（上海建科建筑设计院有限公司设计作品）

项目在老厂房改造和建筑新建过程中对周边环境重新进行了梳理，保留了原有的水体和部分当地植被，通过土壤修复技术、水生植物群落构建技术、水系森林构建技术，使湖水恢复自净功能，改善了整个园区的生态环境。

树院保留植被示意
图书馆中央围合的院落保留原有两株枫杨，形成空中树院。

[设计要点]

P1-1-2_2 地形地貌保护

（1）项目场地宜结合原有水体和湿地等自然环境，在湿地、河岸、水体等区域采取保护或恢复生态的措施，保护场地地形地貌。

（2）规划设计应该尽可能减少对场地的破坏，努力降低其负面影响，并采取措施进行生态补偿，以最大限度减少建设项目对环境的影响。

相关规范与研究

（1）《公园设计规范》GB 51192—2016第5.2.2条文说明，有关地形改造的设计相关要求。

（2）《公园设计规范》GB 51192—2016第4.3.2和4.3.3条文说明，有关地形地貌保护的设计相关要求。

（3）何熹，杨剑维，吕志刚. 山地建筑设计探讨[J]. 广东土木与建筑，2021，28（1）：10-13，75.
提倡保护山地原生地貌，减少建筑接地，合理利用山地形态和高差变化进行建筑设计。

典型案例 醴陵一中图书馆

（上海建科建筑设计院有限公司设计作品）

新建的图书馆顺应原有的地形起伏，保留原有地貌的同时利用坡地设计报告厅，平缓地进行高差的过渡。

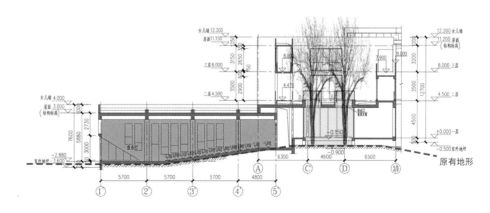

建筑空间与原有地形的关系

[目的]

　　保持用地及周边地区的生态本底，减少对自然生态环境的改变与破坏，促进场地的自然生态资源、自然景观资源、人文景观资源的可持续利用与发展。

[设计控制]

　　（1）根据夏热冬冷地区气候特色，在场地选址时，对场地内部现存的生态本底、自然景观资源与人文景观资源进行评估分析，进而对重点内容组织保护措施。

　　（2）建筑设计应响应生态城市建设，合理安排城市生态用地，修复城市河网水系，保护地域特色。推广低冲击开发模式，加快建设海绵城市、森林城市和绿色低碳生态城区。

　　（3）有纪念意义、生态价值、文化价值或景观价值的风景资源，应结合到景观设计中。绿化和景观设计应符合交通安全、环境保护、城市美化等要求。

[设计要点]

P1-1-3_1 生态环境

　　（1）实施生物多样性保护，在城区实施立体绿化，推进海绵城市建设，保护生态本底。

　　（2）建立可对地表水环境质量和空气质量等进行长效监测的系统。

生态本底具体内容

类别	类型	具体内容
生态本底	气象资料	温度、湿度、降水、蒸发、风向、风速、日照、辐射、冰冻期、霜冻期等
	地形、地貌、地域	地质、地貌、承载力、重要地质灾害评估，地下水的存在形式、储量、水质、开采及补给条件
	土壤	土壤类型、土层厚度、土壤物理及化学性质、不同土壤分布情况、地下水深度
	山体森林	坡度高程、植被、乡土植物、野生动植物
	河流水系	河流湖泊、水库、江
		植被、乡土植物、野生动植物
	水文资料	江河湖海的水位、流速、流向、水量、水温、洪水淹没线；江河区的流域情况；海滨区的潮汐、海流、浪涛；山区的山洪、泥石流、水土流失情况等

Planning

[设计要点]

景观环境

（1）景观资源的利用和景观环境应遵循适用、美观、经济、安全的原则。

（2）绿化和景观设计应符合交通安全、环境保护、城市美化等要求，量力而行，并应与沿线城市风貌协调一致。

（3）有文物价值的建筑物、构筑物、遗址绿地应加以保护。

景观资源具体内容

类别	类型	具体内容
自然景观资源	地形、地貌、地域	自然保护区、国家公园、森林公园、野生动植物保护基地、水源保护区、地质公园、郊野公园；农田保护区、农业观光区、农（林、牧）场；旅游度假区；城（镇乡村）绿地系统
		公园绿地、生产性与防护绿地、附属绿地及其他绿地的情况（位置、面积、性质、建设使用情况、主要设施、建设年代、景观结构等）
	自然资源	景源、生物资源、水土资源、农林牧副渔资源、能源、矿产资源等的分布、数量、开发利用情况及价值资料；自然保护对象及地段资料
		乡土植物、地带性物种、骨干树种、优势树种、基调树种的分布、主要苗木的储量、规模、规格及长势等
		鸟类、鱼类、昆虫及其他野生动物的数量、种类、生长繁殖状况、栖息地情况等
人文景观资源	人文绿色空间	遗址公园、文物古迹、古树、历史街区、古村落、自然村落、生态社区、户外休闲游乐场、户外运动场、纪念性园林等
	水文资料	历史沿革及变迁、文物、胜迹、名胜古迹、革命旧址、名人故居等

Planning

[目的]

土地容量体现土地可持续利用的思想。土地利用应考虑结构最优、使用效能最大，同时在土地利用过程中不损害未来土地的开发潜能。从长远目标来看，土地利用既要保证目前有地用、用好地，又要保证有足够的预留空间与发展空间。

[设计控制]

（1）合理控制容积率，提高土地容量，优化建筑室外环境。

（2）合理控制绿地率，改善局部气候环境，提高建筑使用品质。

（3）合理控制建筑密度，提高土地利用率，优化建筑室外空间。

（4）合理控制建筑高度，尊重周边及城市环境，营造优美城市天际线。

[设计要点]

P1-2-1_1 容积率

容积率是在一定用地及计容范围内，建筑面积总和与用地面积的比值。容积率间接反映了单位土地上所承载的各种人为功能的使用量，即土地的开发强度。同时容积率影响局部地区热气候和室外舒适性。

建筑容积率应该按照当地城市规划管理技术规定及场地环境进行确定。

关键措施与指标

容积率：行政办公、商务办公、商业金融、旅馆饭店、交通枢纽等公共建筑容积率不宜低于1.0，条件允许时宜适当取较大的值；教育、文化、体育、医疗、卫生、社会福利等公共建筑容积率不宜低于0.5，宜取值1.5~2.0。

相关规范与研究

（1）《民用建筑设计统一标准》GB 50352—2019第4.1.1条文说明，有关建筑项目容积率的设计相关要求。

（2）《绿色建筑评价标准》GB/T 50378—2019第7.2.2条文说明，有关容积率的得分计算。

（3）陈基炜，韩雪培. 从上海城市建筑密度看城市用地效率与生态环境[J]. 上海地质，2006（2）：30-32，66.

容积率间接上反映出一定用地范围内建筑物的密集程度和土地开发强度。

P1-2-1_2 绿地率

绿地率是指在一定用地范围内，各类绿地总面积占该用地总面积的比率（％）。

根据热、光、湿等气候要素，通过合理设置绿地率的大小，可以起到降温增湿，调节局部地区小气候的作用，达到缓解城市热岛效应的目的。增大绿地率不仅可以美化城市景观，还可以通过植被叶片对太阳辐射的遮挡和叶片本身的作用，将太阳辐射热转化为潜热，使城市空气湿度增加，地表温度与绿地上部的空气温度降低，改善区域的热环境。

绿地率应该按照当地城市规划管理技术规定进行确定。

关键措施与指标

绿地率：区域绿化覆盖率宜达到30%以上，公共建筑绿地率达到规划指标105%以上，绿地向公众开放。

相关规范与研究

（1）《绿色建筑评价标准》GB/T 50378—2019第8.2.3条文说明，有关绿地率的得分计算。

（2）《民用建筑设计统一标准》GB 50352—2019第4.1.1条文说明，有关绿地率的设计相关要求。

P1-2-1_3 建筑密度

建筑密度，指在一定范围内建筑物的基底面积总和与占用用地面积的比例（％），反映一定用地范围内的空地率和建筑密集程度。

建筑应该保持适当的密度。一方面需要根据风、光、热等气候要素，调整建筑密度，从而改变其附近的日照和通风条件，以调节城市局部的热环境。另一方面达到最佳的土地利用强度，防止建筑过密造成街廓消失、空间紧缺。

关键措施与指标

建筑密度：建筑密度应按照各地的城市规划管理技术规定执行。

相关规范与研究

《民用建筑设计统一标准》GB 50352—2019第4.1.1条文说明，对建筑密度的规定。

P1-2-1_4 建筑高度

建筑高度不应危害公共空间安全和公共卫生，且不宜影响景观，下列区域应实行建筑高度控制，并应符合下列规定：

（1）对建筑高度有特别要求的地区，建筑高度应符合所在地城乡规划的有关规定；

（2）沿城市道路的建筑物，应根据道路红线的宽度及街道空间尺度控制建筑裙楼和主体的高度；

（3）当建筑位于机场、电台、电信、微波通信、气象台、卫星地面站、军事要塞工程等设施的技术作业控制区内及机场航线控制范围内时，应按净空要求控制建筑高度及施工设备高度；

（4）处在历史文化名城名镇名村、历史文化街区、文物保护单位、历史建筑和风景名胜区、自然保护区的各项建设，应按规划控制建筑高度。

关键措施与指标

建筑高度：建筑高度控制应符合所在地城市规划行政主管部门和有关专业部门的规定。

相关规范与研究

《民用建筑设计统一标准》GB 50352—2019第4.5.1条文说明，有关建筑高度的设计相关要求。

典型案例 黄浦江沿岸E18-1地块商业办公项目

（华东建筑设计研究院有限公司设计作品）

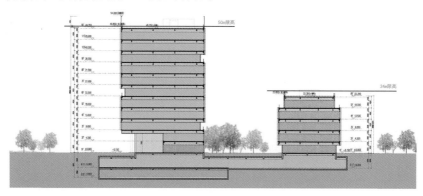

建筑高度控制示意

[目的]

建筑设计尊重当地城市，与城市风貌和谐统一。

[设计控制]

（1）建筑设计需考虑其高度、密度、外观形态对城市天际线的影响。

（2）建筑设计可利用视线通廊，加强城市景观空间的互视关系。

P1-2-2_1 天际线

天际线是指能代表城市风格与气质的建筑（群）、山水等自然形体与天空相接的线。天际线主要包括自然环境元素（山体、水体、植被等）与人工环境元素（建筑物、构筑物及其他人工设施）。基于环境持续发展目标的天际线规划，有利于协调城市与自然环境的互动关系。

城市天际线的规划应考虑近景、中景、背景三个层次的天际线尺度关系，考虑建筑天际线与自然天际线（山体、植被、水体等）的空间组合关系，并通过对建筑物的高度、密度、外观形态以及城市开放空间的引导和控制来实现。

相关规范与研究

（1）戴德艺. 基于景观生态分析的城市绿色天际线规划研究[D]. 武汉：中国地质大学，2014.

天际线在纵深方向上包含前景、中景和背景三类结构层次。天际线包含自然元素和人工环境元素。

（2）王倩华. 基于分形理论的城市天际线量化分析[D]. 赣州：江西理工大学，2020.

笔者认为天际线的概念应为："以天空为背景，建筑物、构筑物等人造物与植物群落、山体等自然物的外轮廓线所呈现出的高低起伏的连线。并且，随观察角度、观赏点距离的不同天际线会有许多不同的种类和包含不同内容。"

典型案例 醴陵市陶子湖片区修建性详细规划

（上海建科建筑设计院有限公司设计作品）

醴陵市陶子湖片区修建性详细规划根据陶子湖生态环境确定天际线。

规划控制城市天际线示意

Planning

P1-2-2_2 视线通廊

视线通廊是指由于人处于某一位置对某一景点观看的过程中，视线由人眼到景点所经过的整个廊道空间。视线通廊包括了景点、视点（场）、廊道三个元素组成部分。视线通廊的终点为"景点"，是城市设计中既有或潜在的良好景观场所，其起点则是"视点"，是观看"景点"的场所。

按照廊道的围合状况，可以将其分为封闭式廊道和开敞式廊道。封闭式廊道是指由底界面和侧界面围合成的廊道，如城市街道、带状绿地等。开敞式廊道是指只存在底界面而没有侧界面的廊道，此类廊道两侧的边界是人类视觉所能到达的边界，这类廊道比如由河岸到对面山体的廊道。

视线通廊确保了视点到景点的视线通畅，拉近了人与景点的距离，从而使城市中的人能够看到更多的可视景观。同时，加强了城市景观空间的互视关系，使城市景点之间建立了有机的联系。

相关规范与研究

（1）吕名扬，王大成. 基于视线通廊控制的城市设计应用研究——以烟台市芝罘区解放路东侧城市设计为例[J]. 建筑与文化，2020（7）：100-101.

"视线通廊的终点为'景点'，是城市设计中既有或潜在的良好景观场所；其起点则是'视点'，是观看'景点'的场所。视线通廊的作用就是保证城市设计方案实施之后'景点'与'视点'之间或者不同'景点'之间能够建立良好的对视关系。"

（2）郑阳. 城市视线通廊控制方法研究[D]. 西安：长安大学，2013.

"从人的角度来说，视线通廊是指由于人处于某一位置对某一景点的观看的过程中，视线由人眼到景点所经过的整个廊道空间。可见，广义的视线通廊包括了景点、视点（场）、廊道三个元素组成部分。"

典型案例 **新开发银行总部大楼**

（华东建筑设计研究院有限公司设计作品）

塔楼与裙房相对独立设置，延续北侧的城市通廊，在视线与景观上保证了城市公共空间的联系。

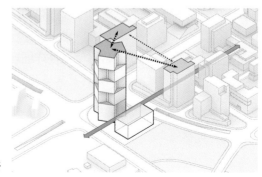

视线通廊分析

[目的]

资源是人类社会生存和发展的重要物质基础，资源利用是可持续发展的必然要求。

[设计控制]

（1）场地设计之前，宜对场地资源进行调查与利用评估，充分考虑场地资源的利用。

（2）充分利用场地可再生能源，减少不可再生能源的利用。

（3）充分利用场地及周边生物资源，减少建筑对环境的影响，促使建筑与生物和谐共生。

（4）充分利用场地周边市政基础设施，避免资源浪费。

（5）充分利用场地周边公共服务设施，实现区域设施资源共享。

（6）充分利用场地内既有建筑，尊重既有建筑的空间价值和历史文化价值，节约建筑用材。

[设计要点]

`P1-3-1_1` 可再生能源

场地规划与设计时应对可再生能源进行调查与利用评估，确定合理利用方式，确保利用率，并应符合下列要求：

（1）利用地热能时，应对地下土壤分层、温度分布和渗透能力进行调查，评估地热能开采对邻近地下空间、地下动物、植物或生态环境的影响；

（2）利用太阳能时，应对场地内太阳能资源等进行调查和评估，采取适宜的利用方式，如光伏发电、光热利用等；

（3）利用风能时，应对场地和周边风力资源以及风能利用对场地声环境的影响进行调查和评估。

相关规范与研究

《民用建筑绿色设计规范》JGJ/T 229—2010第5.3.2条文说明，有关可再生能源利用的设计相关要求。

典型案例 **梅溪湖绿色建筑展示中心**

（上海建科建筑设计院有限公司设计作品）

利用地源热泵系统提供空气调节，降低整体能耗。

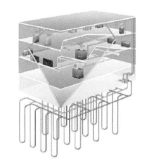

地源热泵系统示意

Planning

P1-3-1_2 生物资源

　　场地规划与设计时应对场地的生物资源情况进行调查，保持场地及周边的生态平衡和生物多样性，P1-1-2_1中提出了生物保护的相关要求，本节主要强调生物资源的利用，并提出以下改善措施：

　　（1）应调查场地内的植物资源，利用场地原有植被，场地周边的气候环境，营造舒适的建筑使用环境；

　　（2）将场地原有植被作为景观点进行建筑设计，为建筑使用者提供更好的视野和景观；

　　（3）对场地原有动物进行保护利用，营造与自然和谐共生的建筑。

相关规范与研究

　　（1）《民用建筑绿色设计规范》JGJ/T 229—2010第5.3.2条文说明，有关生物资源利用的设计相关要求。

　　（2）章明，张姿. 一场关于建筑的自问自答[J]. 时代建筑，2003（3）：60-63.

　　在不规则的基地中充分利用地形和河流，在保持原生态特征的前提下梳理出建筑和空间。

典型案例 醴陵一中新建教学楼

　　　　（上海建科建筑设计院有限公司设计作品）

　　教学楼充分保留原有景观资源，利用原有高大乔木和高差变化做景观布置，降低了对校园生态的影响，营造了舒适的建筑使用环境和景观条件。

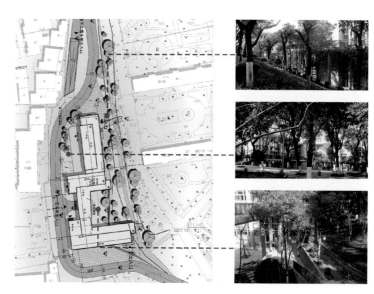

保留植被示意

P1-3-1_3　市政基础设施

　　市政基础设施是指在城市区、镇（乡）规划建设范围内设置、基于政府责任和义务为居民提供有偿或无偿公共产品和服务的各种建筑物、构筑物、设备等。

　　项目选址宜选择具备良好市政基础设施的场地，并应根据市政条件进行场地建设容量的复核。

相关规范与研究

　　《民用建筑绿色设计规范》JGJ/T 229—2010第5.2.3条文说明，有关场地选址的设计相关要求。

典型案例　梅溪湖绿色建筑展示中心

　　　　　（上海建科建筑设计院有限公司设计作品）

　　项目选址具备良好市政基础设施，同时建筑本身能够为城市提供公共服务。

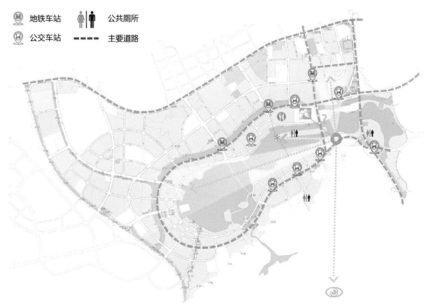

⊙ 地铁车站　　⚦ 公共厕所
⊙ 公交车站　　---- 主要道路

项目周边部分市政基础设施分析

Planning

P1-3-1_4 公共服务设施

城市区域的开发为资源共享提供便利性，场地内公共服务设施建设要考虑提高资源利用效率，避免重复投资，改变过去分散的、小而全的公用配套设施建设的传统模式，实现区域设施资源共享。

关键措施与指标

（1）建筑内宜兼容两种面向社会的公共服务功能。

（2）建筑考虑向社会公众提供开放的公共活动空间。

（3）电动汽车充电桩的车位数占总车位数的比例不宜低于10%。

（4）周边500m范围内考虑设置社会公共停车场（库）。

相关规范与研究

《绿色建筑评价标准》GB/T 50378—2019第6.2.3条文说明，有关公共建筑提供服务设施的得分评价。

典型案例 万航渡路767弄43号改造项目

（上海建科建筑设计院有限公司设计作品）

厂房改造后将为养老设施提供多处公共的户外活动区域，满足老人日常的活动、交流需要。

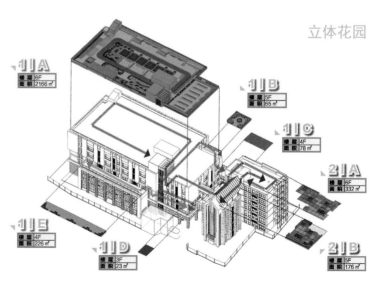

立体花园位置和相互联系分析

Planning

P1-3-1_5 既有建筑

　　既有建筑的保留和利用应根据改造勘查的结果，通过合理规划与布局，尽可能保留既有建筑中具有再利用价值的结构与空间体系。

　　空间改造设计宜分析原有空间层高、交通组织、结构形式、空间尺度、遮阳、采光、通风等条件，使改造功能与原有空间特点相匹配，以充分利用既有空间，避免过度改造。

　　建筑功能改造应明确改造项目的范围、内容和相关技术指标。全面改造时，其消防给水和消防设施的设置应根据改造后建筑的用途、火灾危险性、火灾特性和环境条件等因素综合确定，并应满足现行相关标准的要求。局部改造设计时，局部改造部位的消防设施的设置应满足现行相关标准的要求。

相关规范与研究

　　《既有建筑绿色改造评价标准》GB/T 51141—2015第4.2条文说明，有关既有建筑的改造利用要点。

典型案例　醴陵一中图书馆

　　　　（上海建科建筑设计院有限公司设计作品）

　　设计过程中考虑保留部分老建筑的主体结构（以原有图书馆为主）和空间关系，控制新建建筑的高度，减少地形的变化，同时回收原有建筑的部分材料用于新建建筑的立面装饰，减少资源浪费。

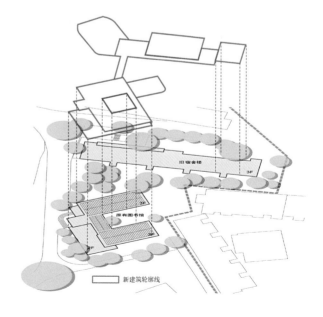

新老建筑对应关系示意

[目的]

自然环境是人类生存的基本条件，在场地设计中充分利用环境，使得建筑与环境和谐共生。

[设计控制]

（1）在场地设计之前，宜对场地环境进行调查研究，充分考虑场地环境的利用。

（2）应充分利用场地地形地貌，使得建筑顺应地势，与环境融为一体。

（3）应充分利用场地水环境，使得建筑拥有好的景观面。

[设计要点]

P1-3-2_1 地质地貌

在文前P1-1-2_2中提出了对于地形地貌保护的要求，本节主要针对地形地貌的利用进行说明。

（1）利用原有地形、地貌，当需要进行地形改造时，应采取合理的改良措施，保护和提高土地的生态价值。

（2）建筑形体应与地形相融，山地建筑可以利用山地自然植被、山石和水流等肌理设计与自然和谐共生的建筑。

相关规范与研究

《民用建筑绿色设计规范》JGJ/T 229—2010第5.3.1条文说明，有关场地地貌利用的设计相关要求。

典型案例 **醴陵一中新建教学楼**

（上海建科建筑设计院有限公司设计作品）

教学楼充分利用原有场地高差，提供多基面的步行连接，顺应地形布置教学房间，在方便师生进出的同时与自然坡地和谐共生。

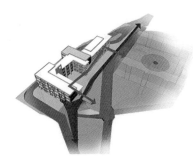

底层标高：**教学空间可达性**
二层标高：**林间步廊，联通南北，人车分流**
三层标高：**教学空间快速通达**

场地不同标高连接示意

Planning

P1-3-2_2 场地水环境

　　建设场地应避免靠近水源保护区，应尽量保护并利用原有场地水面。在条件许可时，尽量恢复场地原有河道的形态和功能。

　　场地开发不能破坏场地与周边原有水系的关系，保护区域生态环境。

相关规范与研究

　　《民用建筑绿色设计规范》JGJ/T 229—2010第5.3.1条文说明，有关场地水资源利用的设计相关要求。

典型案例 北控水务余杭第三总部基地

　　　　（中国建筑设计研究院有限公司设计作品）

　　总部基地将底层架空，引入生态湿地和丰富的水体景观，保护区域水体，改善办公环境。

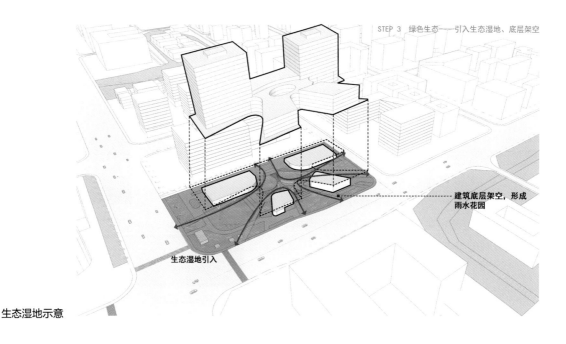

STEP 3　绿色生态——引入生态湿地、底层架空

建筑底层架空，形成雨水花园

生态湿地引入

生态湿地示意

Planning

[目的]

联系场地之外的公共交通资源，承接人流和车流，起到良好的导流和分流效果。

[设计控制]

（1）场地内的交通基础设施需满足场地设计中关于流线组织及出入口设置的基本要求，起到对接公共交通资源和引流的积极作用，同时还应具备消防救灾等基本交通组织能力，并时刻保持畅通。

（2）场地与轨交站点之间连接方式应因地制宜，保证交通站点与场地之间连接畅通。

[设计要点]

P2-1-1_1 交通及基础设施

设计应梳理关键流线，明确车辆出入口位置，停车场位置，并做好车道隔离工作。

（1）整体策略：发展多层次绿色交通体系来缓解场的绿地紧张状况，形成点线面结合、空间层次分明的绿化交通网络体系。

（2）轨道交通：对于轨道交通应该考虑其与建筑场地的关系，最大限度地引导和疏散客流，对于其余路面停靠的公共交通，应根据需求设计港湾式接驳站台，并将人流合理引入场地内。

（3）社会车辆：对于社会车辆应该设置独立的出入场地入口，入口与市政道路的关系需要遵循相应的规范，临近场地的区域需设置醒目的提示牌引导车辆驶入正确位置。

（4）非机动车：对于非机动车应根据对应的来向设置合理的停车区域，并保证相应通道的流畅性。场地内自行车道连续且没有障碍物阻挡，并与机动车道间设绿化分隔带，形成林荫路。

相关规范与研究

《绿色建筑评价标准》GB/T 50378—2019第6.2.1条文说明，有关场地与公共交通站点联系便捷的内容与设计相关要求；第6.2.3条文说明，关于提供便利的公共服务的设计相关要求。

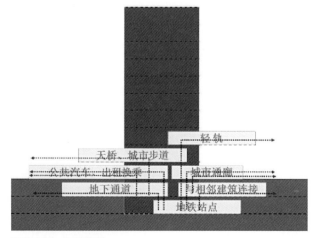

场地交通一体化示意

[设计要点]

P2-1-1_2 轨道交通站点

场地与轨交站点之间常用的连接方式是多种多样的，主要包括通道连接、中庭连接和广场连接。

（1）通道连接：通道连接需要考虑与竖向空间的组合形式，将通道空间作为辅助性连接空间，积极将广场、中庭等空间要素与竖向交通要素结合，提高空间回流性，形成一体化空间组织。

（2）中庭连接：中庭连接可以提升公共空间品质，创造出可包容各种活动和留白的灵活多变的城市空间，探索不同基面条件下广场设置的可能性，形成空间网络。

（3）广场连接：广场连接不仅要统筹考虑轨道站点与综合体内部功能空间及其他公共交通接驳空间的整合方式，还要充分利用地下、地面、地上以及建筑内部广场进行立体化空间组织，扩展与周边空间的联系，实现区域一体化空间资源整合。

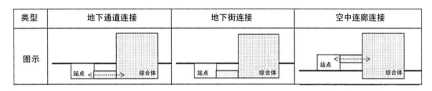

通道连接方式示意
来源：张栩冉，朱宇恒. TOD模式下城市综合体与轨道交通间中介空间连接模式研究[J]. 建筑与文化，2020（11）：164-165.

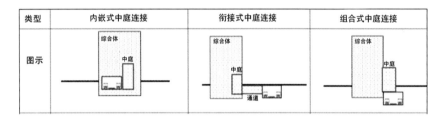

中庭连接方式示意
来源：张栩冉，朱宇恒. TOD模式下城市综合体与轨道交通间中介空间连接模式研究[J]. 建筑与文化，2020（11）：164-165.

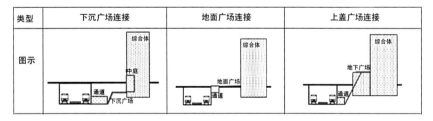

广场连接方式示意
来源：张栩冉，朱宇恒. TOD模式下城市综合体与轨道交通间中介空间连接模式研究[J]. 建筑与文化，2020（11）：164-165.

Planning

关键措施与指标

公交站点位置：场地内公交线路的站点设置应与轨交站点相衔接，公交站点与轨交站点的换乘步行距离宜控制在80m以内，不宜超过150m，提高乘客换乘效率。

公交微循环网络与轨道交通车站距离：完善常规公交的微循环网络，尽量将覆盖范围控制在站点500m范围内。

相关规范与研究

《绿色建筑评价标准》GB/T 50378—2019第6.2条文说明，有关生活便利的设计相关要求。

典型案例 成都地铁5号线龙马站轨道交通站点设计

（中国建筑西南设计研究院有限公司轨道交通设计院设计作品）

龙马站30分钟内基本覆盖城南主要CBD中心与高铁、机场等交通枢纽；依据"十五分钟公共服务圈"要求设置商业及市民服务中心；结合地铁站厅层空间规划地下过街通道，连接核心区各地块地下商业、车库等，实现地下空间互连互通。

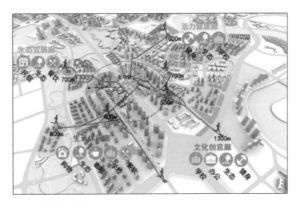

龙马站TOD设计分析

龙马站剖面关系

来源：邬姣，贾震东，杨超. 基于TOD模式下的慢行系统理论及案例实践研究——以成都市龙马站TOD设计为例[J]. 中国建设信息化，2020（14）：76-78.

[目的]

组织场地内部流线，划分场地交通职能，与建筑内部流线合理衔接。

[设计控制]

（1）出入口的组织应该结合场地内部建筑与场地之间的关系，综合城市、人流、环境和功能的要求合理设置。

（2）人行道路组织考虑空中、地面和地下相结合的立体式网络，同时注重无障碍的人本关怀。

（3）车行道路应尽量简洁高效，注重与城市道路的连接关系。

（4）静态交通以停车设施为主，合理分配不同类型交通工具的停泊方式，尽量少地利用地面空间。

[设计要点]

P2-1-2_1 出入口

场地出入口规划过程中，要充分考虑车辆对内外部交通的影响，出入口的设置需要注意以下方面。

（1）规划对接：出入口的选择要与周围人流、道路交通、建筑群或单体建筑联系起来，构成和谐的有机整体。

机动车的出入口要避免人流、车流相混，不能对城市交通产生干扰，场地出入口选择应尽量远离交叉路口，或后退一定距离来缓解出入口对场地的影响。

（2）流线迎合：对道路和其周边建筑类型进行分析，把握外部人流和车流的密集程度以及来往方向，场地出入口的选择应迎合主要人流、车流的方向。对于后勤或污物等消极流线应主动避让。

（3）建筑连接：出入口位置的选择应考虑建筑本身的功能布局，优先选择与内部交通串联便捷的位置。机动车地库出入口应设置于基地出入口附近，尽量结合建筑设置，解决地块较小、地库开口影响地面景观的问题。公用出入口倡导开放、共享的理念，与地块其他业主进行协商确定。

Planning

Planning

关键措施与指标

（1）机动车出入口位置：基地机动车出入口位置与大中城市主干道交叉口的距离，自道路红线交叉点量起不应小于70m；距地铁出入口、公共交通站台边缘不应小于15m；地下车库出入口与道路垂直时，出入口与道路红线应保持不小于7.50m安全距离；地下车库出入口与道路平行时，应经不小于7.50m长的缓冲车道汇入基地道路。

（2）主要步行出入口与轨道交通站点和公交站点的距离：主要步行出入口与已有或规划的轻轨、地铁站的步行距离不宜大于800m，轨道交通站点800m覆盖率达到70%。主要步行出入口距公交站点的步行距离不应大于300m，公交站点500m覆盖率达到100%。

（3）道路交叉角度：场地道路与城市道路网均应合理衔接，出入口车行道应保持与城市道路交叉角度不小于60°或大于120°。

相关规范与研究

（1）《民用建筑设计统一标准》GB 50352—2019第6.2.1、6.2.3条文说明，有关场地平面布局的设计相关要求。

（2）《无障碍设计规范》GB 50763—2012第3.3条文说明，有关无障碍出入口的设计相关要求。

典型案例 **醴陵一中图书馆**

（上海建科建筑设计院有限公司设计作品）

图书馆门厅面向基地西侧的校内干道后退，让开树群，形成绿色开放的主要入口空间，其他主要功能空间根据场地道路设有直接的次要出入口，车库设有单独出入口和回车场地，方便后勤出入。

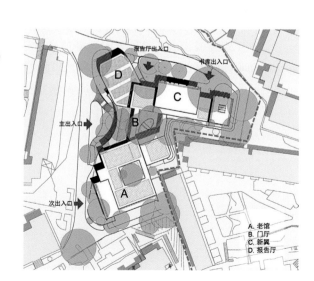

醴陵一中图书馆场地出入口分布示意

[设计要点]

P2-1-2_2 人行交通

（1）适用类型：大型、特大型交通、文化、娱乐、商业、体育、医院等车流量较大的场地应设人行道路，场地尽可能做到人车分流。

（2）整体策略：场地内的人行交通应形成由地面绿道、地下步道、地上廊道构成的立体化系统。地面绿道和地上廊道应充分结合本地区的气候特征，形成骑楼街、风雨连廊等互连互通的慢行系统，串联地块设施，结合公交站点，创造舒适便捷、行走阴凉、遮阳避雨的慢行环境。对于周围有过街天桥或场地内建筑体块分散布置的情况，可以考虑设置地面廊道将上部空间有效连接起来。地下步道适用于场地周围有地下通道、轨道交通地下出入口等交通连接的情况，可以设置地下人行道进行交通接驳。

（3）面积控制：在主要道路人行流量不大的情况下，可以设置单侧人行道，甚至在人流量小、道路级别低的情况下，可以取消人行道设置，从而使总场地硬化面积减少，增加透水性地面或绿化面积。

（4）无障碍：场地中的人行道路路口处应设置缘石坡道，还可设置无障碍标识和点状盲道进行空间转换的提醒。路面应连续、平整、防滑，主要人行道不应设置为间歇性石板路、汀步或铺设起伏较大的石质道路。

关键措施与指标

（1）步行道宽度：城区步行道应尺度适宜，间距不应大于200m，步行主路宽度不宜小于3m，步行次路宽度不应小于1.5m，步行道和车行道间宜有绿化分隔；商业步行街应与住区慢行系统相连接。

（2）人行通道间距：沿街建筑应设连通街道和内院的人行通道，人行通道可利用楼梯间，其间距不宜大于80.0m。

相关规范与研究

（1）《民用建筑设计统一标准》GB 50352—2019第5.2.1条文说明，有关人行通道的设计相关要求。

（2）《无障碍设计规范》GB 50763—2012第4.2条文说明，有关人行道无障碍设计的设计相关要求。

Planning

[设计要点]

P2-1-2_3 车行交通

（1）整体设计：车行道路设计应避免设置过多通向主干道的支路，减少对主干道上的行车速度和行车安全的影响，且基地道路与城市道路连接处的车行路面应设限速设施。场地内道路设计应充分考虑道路的宽度，避免出现交通堵塞现象。当道路改变方向时，路边绿化及建筑物不应影响行车有效视距。

（2）规范要求：车行道路设计应符合消防规范，合理设置防火安全通道，还应符合市政管线的要求，确保雨季地面排水通畅。

（3）面积控制：场地开发可以考虑通过减少车行道路的面积来实现低冲击开发的绿色理念，避免场地被过度硬化，无法渗透雨水。在道路宽度不变的情况下，场地内采用主干路与支路相结合的路网布局，使场地的道路面积减少，从而增加可渗透地面的面积。

关键措施与指标

（1）道路宽度：单车道路宽不应小于4.0m，双车道路宽不应小于7.0m。另外考虑到市政管线敷设的需求，基地内的主干路道路红线的适宜宽度可以做到11m。

（2）转弯半径：道路转弯半径不应小于3.0m，消防车道应满足消防车最小转弯半径要求。

（3）回车场地尺寸：尽端式道路长度大于120.0m时，应在尽端设置不小于12.0m×12.0m的回车场地。

（4）最小距离：建筑物面向城市道路时，若无机动车出入口，道路边缘与建筑物至少保持3m的距离；若有出入口，则至少保持5m的距离。建筑物山墙面向城市道路时，道路边缘与建筑物至少保持2m的距离（道路边缘对于城市道路是指道路红线）。

相关规范与研究

（1）《民用建筑设计统一标准》GB 50352—2019 第5.2.1、5.2.3条文说明，有关道路设置的设计相关要求。

（2）《民用建筑绿色设计规范》JGJ/T 229—2010第5.4.5条文说明，有关场地交通的设计相关要求。

（3）《城市居住区规划设计标准》GB 50180—2018第6.0.5条文说明，有关道路边缘至建筑物、构筑物的最小距离的相关设计要求。

[设计要点]

P2-1-2_4 静态交通

（1）整体策略：场地内部的静态交通提倡土地集约复合使用，不规划独立占地的社会停车场库，采用建筑物配建地下停车库、地上停车楼并对社会开放满足社会停车需求。在大型公共建筑周围人车流密集处，不宜设置停车泊位。

（2）停车场设计：场地内地面停车场地应考虑采用合理的树木布局，在不影响停车的情况下形成连续的绿荫，也可以采用在上空拉网绿化等方式改善停车场的热环境。停车位地面应采用高承载透水植草地坪。停车场库内必须安装照明系统、行车安全系统、消防报警系统、视频安防监控系统等设备，并在停车场库入口安装智能化显示屏，显示车辆进入后通往空车位的指示线路。商业或公共建筑主入口处应设置适宜的自行车停车场，应提倡共享自行车与共享机动车的使用，出入口处应设置共享自行车和共享机动车的停车场地，并应配置充电桩等装置。

（3）停靠点设计：场地内大巴停车位、出租车、临时上下客位、集中货运装卸场、垃圾装卸场等，需要在临近道路上设置港湾式停靠站点或指定停车点位，减少对旁侧道路交通的影响，增加车辆停靠安全性。

关键措施与指标

（1）公共停车配比：提高场地内公共停车配比，停车场采用（半）地下停车或立体停车的停车位占总停车位的比例达到90%。

（2）充电设施配比：大型公建配建停车场与社会公共停车场10%及以上停车位配建电动车充电设施。

（3）自行车规范化停车率：场地内设置自行车停车设施及公共自行车租赁网络，规范化停车率达到100%。

相关规范与研究

（1）《民用建筑设计统一标准》GB 50352—2019第5.2.5、5.2.6、5.2.7、5.2.8条文说明，有关停车场停车的设计相关要求。

（2）上海建筑设计研究院有限公司. 区域整体开发的设计总控[M]. 上海：上海科学技术出版社，2021.

有临时停车需要时应在临近道路上设置港湾式停靠站点或指定停车点位，减少对道路交通的影响。

典型案例 上海宝业中心

（浙江宝业建筑设计研究院有限公司设计作品）

机动车临时停靠和车库出入口示意

地下二层停车场车位示意

Planning

[目的]

在保证正常功能的前提下，达成健康舒适与环境宜居的建设目标，实现资源配置最大化，节约能源，保护环境。

[设计控制]

（1）通过控制建筑对城市的退让与预留，维护城市肌理与风貌。

（2）控制建筑间距以达成健康舒适与环境宜居的目标。

[设计要点]

P2-2-1_1 退让和预留

（1）建筑单体应当在保持街区风貌完整性的基础上，在临街面进行退让与预留。

（2）在主要商业街道内可以紧贴道路红线设置连续骑楼或拱廊覆盖人行道。

（3）应满足消防、日照、控制性详细规划及现行国家标准《民用建筑设计统一标准》GB 50352的要求。

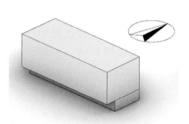

骑楼示意图

关键措施与指标

（1）退让主干路道路红线不宜小于10m，退让次干路与支路道路红线不宜小于3m。

（2）主要公共空间的贴线率指标不宜低于下表的规定。

主要公共空间贴线率

	支路、次干路两侧	步行街与公共通道	以休闲活动为主的广场
公共活动中心区	70%	80%	80%
一般地区中的商业和商务功能地区	60%	80%	80%

Planning

相关规范与研究

（1）《民用建筑设计统一标准》GB 50352—2019第4.2.3条文说明，有关建筑物与相邻建筑基地及其建筑物的关系的设计相关要求。

（2）匡晓明，徐伟.基于规划管理的城市街道界面控制方法探索[J].规划师，2012，28（6）：70-75.

贴线率为建筑物紧贴建筑界面控制线总长度与建筑界面控制线总长度的比值，以百分比表示，即：贴线率（P）=街墙立面线长度（B）/建筑控制线长度（L）×100%。贴线率是衡量街道空间连续性的重要指标，这个比值越高，沿街面看上去越齐整。通过该指标的下限控制，有利于量化控制和强化城市街道的连续性。

典型案例 青浦区盈浦街道观云路南侧23-01地块项目

（上海水石建筑规划设计股份有限公司设计作品）

保证地块内建筑贴线，使得街道界面连续完整。

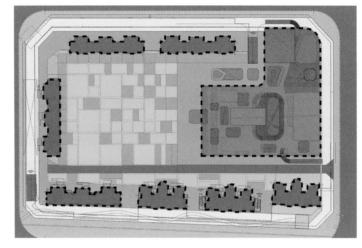

建筑贴线分析

P2-2-1_2 建筑间距

（1）建筑间距应符合现行国家标准《建筑设计防火规范》GB 50016的规定及当地城市规划要求。

（2）建筑间距应符合建筑对天然采光相关规定，有日照要求的建筑和场地应结合夏热冬冷地区气候特点及当地冬至日有效日照时段太阳高度角综合分析得出，避免建筑物之间以及建筑物对场地过度遮挡。

（3）建筑间距应符合建筑对通风的相关规定，通过CFD风环境分析等方式减少或消除夏季无风区和冬季强风区。

关键措施与指标

（1）防火间距：民用建筑之间的防火间距不应小于下表的规定。

民用建筑之间的防火间距

建筑类别		民用建筑之间的防火间距（m）			
		高层民用建筑	裙房和其他民用建筑		
		一、二级	一、二级	三级	四级
高层民用建筑	一、二级	13	9	11	14
裙房和其他民用建筑	一、二级	9	6	7	9
	三级	11	7	8	10
	四级	14	9	10	12

（2）建筑单体间距：在满足建筑间距标准的条件下，单体间距宜控制在（0.9~1.1）H（H为主导风上游单体建筑的平均高度）。

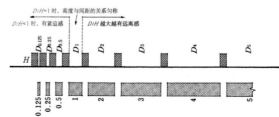

建筑间距对街道高宽比的影响示意
来源：芦原义信. 街道的美学（上）[M]. 尹培桐，译. 南京：凤凰文艺出版社，2017：57.

相关规范与研究

（1）《民用建筑设计统一标准》GB 50352—2019第5.1.2条文说明，有关建筑间距的设计相关要求。

（2）《建筑设计防火规范（2018年版）》GB 50016—2014第5.2.2条文说明，民用建筑之间防火间距的相关要求。

（3）芦原义信. 外部空间设计[M]. 北京：中国建筑工业出版社，1985.

邻幢间距与建筑高度之比D/H在决定日照条件上非常重要，当D/H=1时，高度与间距之间有某种匀称存在，D/H=1.5～2在实际当中使用较多。

典型案例 **上海建科莘庄10号楼**

（上海建科建筑设计院有限公司设计作品）

通过对采光、通风条件的综合分析控制建筑间距，营造舒适环境。

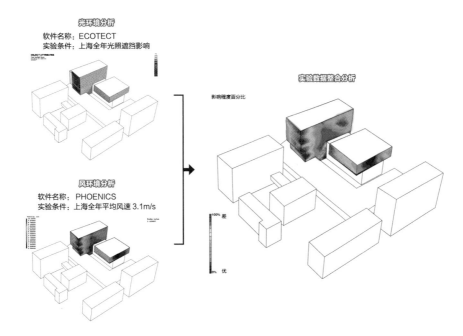

采光通风综合分析

[目的]

　　夏热冬冷地区的建筑布局朝向应在结合地域气候与环境特征的前提下，根据需求合理布置，以达成节约资源保护环境的目的。

[设计控制]

　　（1）基于当地地理与气候特点，合理设置建筑朝向，以获得良好的日照。

　　（2）合理布置建筑布局，对建筑风环境进行优化。

　　（3）合理布置建筑布局，避免噪声对建筑与建筑群造成负面影响。

　　（4）调整建筑的布局朝向，统筹设计建筑与景观。

　　（5）场地布局之前，对场地气候环境进行评估分析，并在此基础上考虑建筑布局设计。

[设计要点]

P2-2-2_1 日照朝向

　　（1）应利用地形合理布局建筑朝向以获得最佳日照时间。

　　（2）夏热冬冷地区公共建筑应采用南北向布局，并采用日照模拟分析确定具体的最佳朝向，保证建筑主要功能空间满足日照标准要求。

　　（3）夏热冬冷地区公共建筑主要日照朝向应采取外围护结构隔热和设置建筑遮阳等综合措施实现夏季防热，且设置遮阳设施时应符合日照和采光标准的要求。

　　（4）冬季日照时数多的地区，建筑宜采用被动式太阳能利用措施。

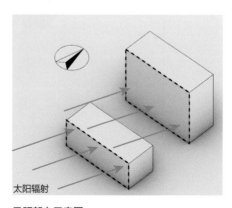

太阳辐射

日照朝向示意图

Planning

关键措施与指标

特殊功能房间对日照的要求：托儿所、幼儿园的幼儿活动室、寝室及具有相同功能的区域，应布置在当地最好朝向，冬至日底层满窗日照不宜小于3h；活动场地宜有不少于1/2的活动面积在标准的日照阴影线之外。医院、疗养院半数以上的病房和疗养室，中小学半数以上的教室宜获得冬至日不小于2h的日照标准。

相关规范与研究

（1）《民用建筑设计统一标准》GB 50352—2019第7.3.1条文说明，需要夏季防热的建筑的设计相关要求和第7.3.4条文说明，有关被动式太阳能利用的设计相关要求。

（2）《民用建筑绿色设计规范》JGJ/T 229—2010第6.3.2条文说明，有关房间采光的设计相关要求。

（3）《老年人照料设施建筑设计标准》JGJ 450—2018第5.2.1条文说明，有关老年人居住空间日照标准的设计相关要求。

（4）刘梓昂. 夏热冬冷地区城市形态与能源性能耦合机制及其优化研究[D]. 南京：东南大学，2019.

不同建筑群的平面布局导致了城市微气候环境的差异性，进而影响到建筑能耗，场地布局应该充分考虑各项环境因素。

典型案例 上海建科莘庄生态楼

（上海建科建筑设计院有限公司设计作品）

最大程度利用冬季阳光，规避夏季阳光的不利影响。

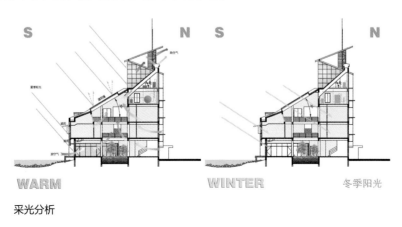

采光分析

P2-2-2_2 风环境影响

建筑应选取合理的建筑朝向，采取适合的群体布局和组合形式。

（1）建筑单体：朝向宜迎向全年主导风向，偏角在5°~10°以内。

（2）建筑群体布局：在夏季主导风向上应采取前短后长、前疏后密，前低后高、逐步升高的布局形式。冬季主导风向上封闭设计，以疏导夏季风和阻挡冬季风。

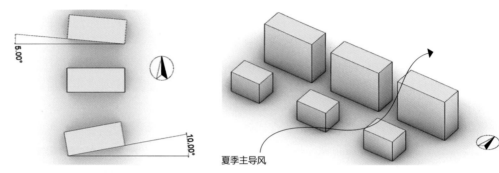

风环境影响建筑朝向示意图　　　　风环境影响建筑组团布局示意图

（3）建筑群体或组合体量：在呈围合和半围合形态时，在主导风向上应留出风口，做到开放式布局，具体可采取局部断开、退层、架空等手法。

（4）宜通过对室外风环境的模拟分析调整优化建筑布局。

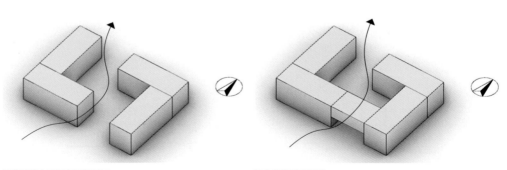

围合建筑主导风向预留风口　　　　　围合建筑局部断开

围合式建筑组团布局示意图

Planning

相关规范与研究

邓寄豫. 基于微气候分析的城市中心商业区空间形态研究[D]. 南京：东南大学，2018.

街区形态要素最终都体现为街区层面千差万别的物质空间，从而引导并决定了日照、气流、湿度、热量等室外微气候要素在这些物质空间中的变化与重新分布。

典型案例 都江堰市新建综合社会福利院

（上海建科建筑设计院有限公司设计作品）

通过风环境分析合理组织自然通风，营造良好的室内外气流环境。

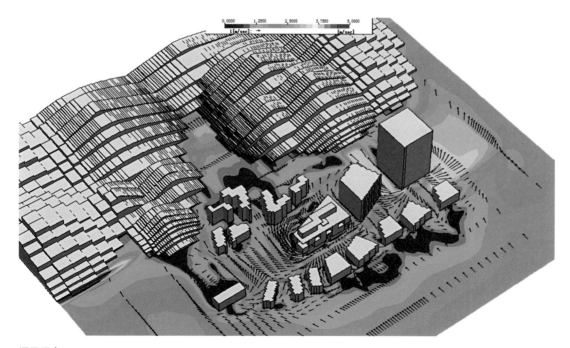

通风示意

P2-2-2_3 声环境影响

建筑朝向、布局和组合应充分考虑街道噪声对内部环境的影响。

（1）建筑群体布局：街区周边噪声条件不均等的城市街区中，建筑布局宜将开敞空间布置于交通噪声较弱的一侧，利用建筑形成主要噪声源侧的屏障。

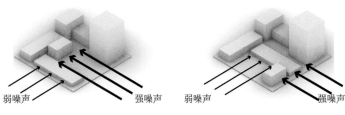

建筑噪声源屏障示意

（2）建筑与街道界面关系：保证街区空间职能的正常运行，尽可能增加沿街界面的连续性，缩减开口空间。

（3）高层与裙房的组合体量：设计允许范围内调整高层布局与裙房的位置关系，强化裙房立面对高层立面的遮蔽效果。

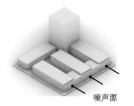

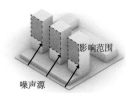

连续街道界面示意　　　　　　　　　　　　　　　　声环境影响下高层布局示意

相关规范与研究

钱舒皓. 城市中心区声环境与空间形态耦合研究——以南京新街口为例[D]. 南京：东南大学，2015.

街区平均声压级与街区围合度存在负相关的关系，围合度越高的街区其平均声压级相对来说越低，而沿街建筑界面与围合度紧密相关，高于6m的连续建筑界面能起到声屏障的作用，有效地阻挡外部交通噪声的进入。

Planning

P2-2-2_4 景观朝向

（1）建筑单体，在朝向上应将主要界面朝向景观。

（2）建筑单体，在体量上面对景观面宜采用退台、架空、围合等手法，为建筑创造良好的视野及活动平台。

（3）建筑群体与组合体量，宜通过局部断开、架空等手法控制建筑群体布局，使景观向城市开放。

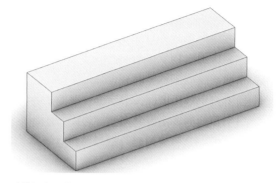

建筑退台示意

相关规范与研究

马婧. 公共建筑中建筑景观一体化设计的方法研究[D]. 合肥：合肥工业大学，2010.

建筑与景观是人类为了生存和生活而对自然的适应、改造和创造的结果。

典型案例 上海浦东新区美术馆

[同济大学建筑设计研究院（集团）有限公司设计作品]

设计时同时考虑美术馆内的景观效果与黄浦江沿岸的风貌与天际线，使建筑本身能够成为城市景观的映射。

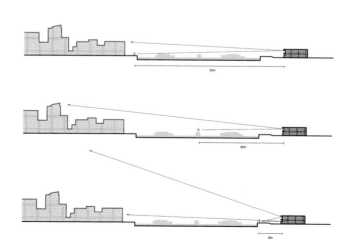

风貌景观分析

Planning

Planning

[目的]

顺应地形地势等自然条件，进行地域性建筑营建，在节约能源、资源的同时，在建筑空间与形体上体现地方风貌特色。

[设计控制]

（1）利用设计手段在平地上有意识地营造多元的建筑形体与空间秩序。

（2）利用设计手段对坡地进行适应性营建，兼顾经济、适用、绿色、美观。

[设计要点]

P2-2-3_1 平地

（1）宜应对不同的功能需求和环境特征选择合适的接地空间形态。

（2）宜采用地表接地式与地下接地式的形态以产生缓冲空间，为主要空间提供被动式预冷/预热的媒介。

（3）当建筑需要架空时，宜选择局部架空式接地空间，将架空区域开口尽量迎合夏季风主导风向，从而在夏季获得更多自然通风加速底层散热，避开冬季风盛行风向或者利用植被绿化进行阻隔，减少建筑内部的得风量。

（4）场地布置应采取措施满足排水要求。

相关规范与研究

李默. 基于空间热缓冲效应的建筑接地空间设计策略研究[D]. 南京：东南大学，2019.

同一建筑内同时存在不同类型热缓冲空间，通过空间组合可以对室内空间进行适当的优化。

典型案例 上海黄浦江滨江公共空间服务驿站
（致正建筑工作室作品）

　　应对黄浦江畔不同的道路、广场、绿化等条件进行针对性细部调整，以适应场地高差、道路接驳、空间感受等不同需求。

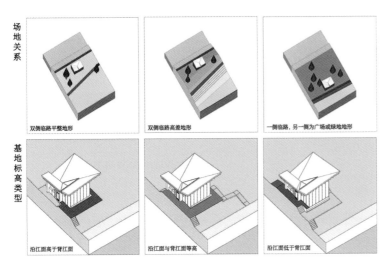

场地关系
双侧临路平整地形　　双侧临路高差地形　　一侧临路，另一侧为广场或绿地地形

基地标高类型
沿江面高于背江面　　沿江面与背江面等高　　沿江面低于背江面

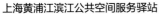
上海黄浦江滨江公共空间服务驿站
来源：https://www.gooood.cn/river-view-service-stations-east-bund-pudong-shanghai-china-atelier-z.htm，发布日期2018.12.27.

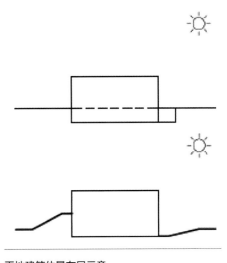
平地建筑体量布局示意

Planning

P2-2-3_2 坡地

建筑朝向、布局和组合应充分考虑街道噪声对内部环境的影响。

（1）当基地自然坡度小于5%时，宜采用平坡式布置方式。

（2）当大于8%时，宜采用台阶式布置方式，台地连接处应设挡墙或护坡。

（3）空间的布局及改造在尊重原始地形的基础上，应当创造丰富的台地错层，体现应有的空间性格。

（4）台地空间的道路应顺应地势规划，规划时注意道路网络的清晰和道路的可识别性，做到有效引导游览空间。

（5）台地的选址与设计需要结合自然地形特征加以综合考虑，不刻意追求一定的几何形状，应当顺应地形，极尽自然，利用原有的形态。

（6）应注重必要功能与建筑的复合性，创造集约性环境，提高台地空间使用效率。

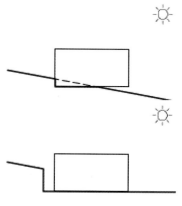

坡地建筑体量布局示意图

相关规范与研究

（1）朱昊，陈宗才．山地城市台地空间设计策略研究——以重庆市人民公园为例[J]．绿色环保建材，2020（2）：102，104.

台地空间设计中功能区的划分应当充分考虑山地地形中的行为活动特点，需要结合地形特点设置。

（2）栾洁莹．当代坡地建筑设计研究[D]．大连：大连理工大学，2012.

地形坡度是极其重要的影响因素，根据不同的坡度，坡地建筑的场地空间和建筑布局的存在方式会有很多差异。

典型案例　**醴陵一中新建教学楼**

（上海建科建筑设计院有限公司设计作品）

教学楼出入口顺应地形设在不同标高处，方便师生来往和平日使用。

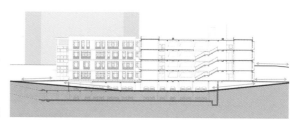

坡地与建筑的连接关系

Planning

[目的]

通过合理开展绿化植物配置，设计丰富的绿化形式，增加建筑及场地的绿量，提升绿化植物固碳能力，有效调节局部微气候，提升建筑周边空气品质，为使用者提供优良的生态环境。

[设计控制]

遵循因地制宜原则，根据夏热冬冷地区气候、土壤等基本条件，优先选择乡土适生植物，充分利用空间资源，通过多层次的植物配置丰富绿化形式，改善建筑及场地绿化空间布局，提升空间绿视率，改善微气候环境。

[设计要点]

P2-3-1_1 植物选择

绿化植物的选择应从功能性出发，优先选用维护少、耐旱性强、病虫害少、对人体无害的本地植物。

（1）功能性植物选择

根据不同功能性需求进行植物选择，宜种植具有环境污染指示、土壤污染吸附、防风防尘、绿化遮阳等作用的功能性植物，具体如下。

功能性植物选择一览表

功能特性		功能性本地植物选择
环境污染指示	二氧化碳	紫菀、秋海棠、美人蕉、矢车菊、彩叶草、非洲菊、万寿菊
	二氧化氮	矮牵牛、杜鹃、西班牙鸢尾
	过氧化酰基硝酸酯	香石竹、大丽花、矮牵牛、报春花、蔷薇、一品红、金鱼草
	臭氧	矮牵牛、秋海棠、香石竹、菊花、万寿菊
	氟化氢	唐菖蒲、美人蕉、萱草、风信子、鸢尾、郁金香、杜鹃、三角枫
	氯气	蔷薇、郁金香、秋海棠、红枫
	氨气	矮牵牛、向日葵
土壤污染吸附		泡桐、侧柏、槐树、胡桃、杨树、银杏、海棠、丁香、八仙花、金叶女贞、木槿、鸢尾、美人蕉
防风防尘等功能	防风	圆柏、银杏、木瓜、侧柏、桃叶珊瑚、棕榈、梧桐、无花果、女贞、木槿、榉树、垂柳、毛竹、合欢、槐树、厚皮香、杨梅、枇杷、龙柏、黑松、夹竹桃、珊瑚树、海桐、樱桃
	防火	珊瑚树、厚皮香、山茶、八角金盘、海桐、冬青、女贞、枸骨、银杏、金钱松树、槐树、垂柳、悬铃木
	防湿	垂柳、枫杨、香樟、水杉、枫香树、木麻黄、梧桐、木槿、水曲柳、悬铃木、无患子、三角枫
	防烟尘	香樟、黄杨、女贞、冬青、珊瑚树、桃叶珊瑚、广玉兰、夹竹桃、枸骨、银杏、悬铃木、刺槐、槐树、梧桐、臭椿、山樱花
绿化遮阳	街道	榆树、槐树、梧桐、泡桐、合欢、樟树、朴树、白榆、榉树
	建筑	毛白杨、法国梧桐、白榆、泡桐、桧柏、樟树、朴树、刺槐、香果树

Planning

（2）建筑周边绿化植物选择

建筑南面植物种植应能保证建筑的通风采光要求，创造自然优美的植物景观，选择喜阳、耐旱，花、叶、果、姿优美的乔灌木。

建筑北面应布置防护性绿带，选择耐荫、抗寒的花灌木。

建筑西面、东面应充分考虑夏季防晒和冬季防风要求，选择抗风、耐寒、抗逆性强的常绿乔灌木。

绿地中地下停车场出入口处、地下设施出风口等构筑物，可结合架构、围护设施布置管理较粗放的攀援植物，达到美化和屏蔽的作用。

相关规范与研究

（1）上海市新建住宅环境绿化建设导则[J].上海住宅，2006（8）：36-45.

第3.0.2.6条文说明，住宅建筑的基础绿化应根据不同朝向和使用性质进行布置。公共建筑的基础绿化可相应参考。

（2）沙鸥.适应夏热冬冷地区气候的城市设计策略研究[D].长沙：中南大学，2011.

文中5.2.1植物配置章节提出夏热冬冷地区对不同功能绿地适宜植物种类的归纳，针对街道与建筑的遮阳、景观、地面绿化、绿篱、防护林、庭园绿化的不同功能，给出适合各自需求的树种选择，如选择建筑遮阳树种时，应选择达到20m高左右的树种，并根据不同方位对阳光遮挡要求的不同对树形加以选择。

典型案例　太平鸟高新区男装办公楼项目

（上海建科建筑设计院有限公司设计作品）

根据屋顶绿化、中庭绿化及地面绿化的不同功能分区进行功能性植物配置，丰富了场地绿化布局，提升了建筑空间绿视率，形成多维度全覆盖式绿色生态建筑景观。

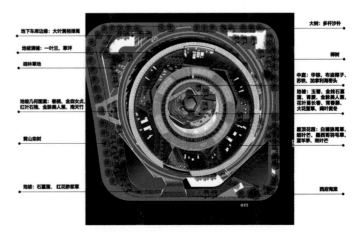

太平鸟高新区男装办公楼植物配置分析

P2-3-1_2 绿化形式

（1）地面绿化

地面绿化的种植形式宜选择乔、灌、草相结合的复层绿化，其中乔木（株）：灌木（株）：草地（m²）最适比例宜为4：3：3。

（2）立体绿化

立体绿化充分利用建筑不同空间，选择攀援植物及其他灌木、花卉、草皮等植物，栽植、铺贴于各建筑立面，改善建筑室内外温度、降低噪声、避免光线过度照射，增加建筑室内外空间的绿视率。立体绿化根据应用空间的不同，分为屋顶绿化、垂直绿化、墙面绿化、平（露）台绿化、棚架绿化等多种形式。

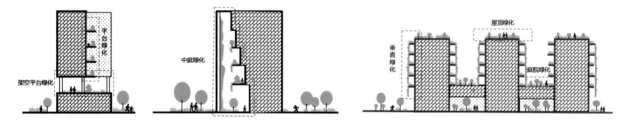

立体绿化应用示意

1）屋顶绿化应用

鼓励各类公共建筑物、构筑物进行屋顶绿化和垂直绿化。屋顶绿化根据屋面荷载能力和植物配置的不同，分为草坪式、花园式和组合式。

①草坪式屋顶绿化以荷载较小的草皮、地被植物为主，多种植耐旱、易存活且便于养护的草本植物，如佛甲草、狗牙根草、高羊茅等。

②花园式屋顶绿化以更具观赏性的地被植物和低矮灌木为主，多种植盆景草、凹叶景天、凤尾竹、常春藤、百里香、黄杨等。

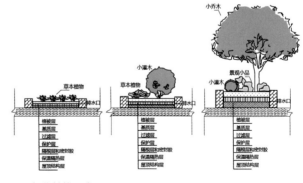

屋顶绿化结构示意

③组合式屋顶绿化以植物造景为主，融入景观小品、花架、木椅等元素，灵活应用移动式绿化种植容器。采用乔、灌、草结合的多层植物配植方式，除上述具有观赏性的地被植物和灌木以外，还可选择七里香、铁树、桂花等小乔木。

2）垂直绿化应用

垂直绿化一般包括附壁式、牵引附壁式、附架式、预制绿化墙、预留种植箱等多种形式，应综合考虑建筑立面的系统构造、安全性能、植物选择、生长基质、灌溉与排水等主要设计要点，以及建筑立面朝向、空间环境及建筑风格等多种因素。公共建筑垂直绿化应以藤架绿化为主、模块式拼装绿化为辅。

①藤架绿化与建筑不同空间形式的适配设计

设备平台、阳台。将设备平台、阳台等结合藤架绿化设计目前已有较多应用，设计时不仅要满足高层建筑抗震、抗风等要求，在藤架植物种植完成后必须对结构进行抗风压测试。

建筑外遮阳。遮阳与绿化结合具有很强的实用性和经济性，如利用某些藤架植物极强的攀岩性将植物进行引导，代替由金属百叶等构成的遮阳系统。设计时需要对植物生长方向进行人为引导，并对植物定期进行修剪，防止植物生长过盛导致建筑内部采光不足。

双层玻璃幕墙。双层玻璃幕墙宜与藤架绿化结合设计，提高双层幕墙保温隔热性能，为内部使用者提供与自然互动的机会。检修通道内的小环境相较于建筑室外环境更为优越，植物更容易存活，宜实施大规模藤架绿化。

建筑避难层。超高层建筑防火规范规定，每15层之内需要设置一层避难层。在无法取消避难层的情况下，宜利用藤架绿化对其进行"美化装饰"，既不浪费建筑的有效使用面积，又可以美化建筑立面，创造生机盎然的建筑环境。

②藤架绿化的植物应用设计

建筑环境。高层建筑宜选用根系牢固、枝叶不易脱落的植物，建筑底部宜配置喜暖、耐潮环境的植物，中部选用对排水性要求高的植物，顶部宜配置易生长、好护理、耐寒耐旱及抗风的植物。

建筑朝向。建筑物东南墙面宜选择喜阳的落叶树种，如凌霄、蔷薇等；北墙面宜选择耐阴的攀缘植物，如中国地锦、常春藤等；西墙面宜选择喜光、耐旱的植物，如爬山虎等；沿街楼房山墙等宜种植炮仗花、牵牛花、茑萝等开花攀缘植物。

绿化目的。临街楼房主要防止灰尘进入室内，宜选用叶面粗糙且密度大的攀缘植物，如爬山虎、中华猕猴桃等；为降低墙体和室内温度，宜选用生长快、枝叶茂盛的爬山虎、五叶地锦、蔷薇、常春藤等。

藤架绿化植物选择一览表

影响因素		植物选型	典型植物
空间形式	阳台／平台	喜阳	凌霄、蔷薇等
	外部遮阳	喜光、耐旱、耐潮	爬山虎等
	双层玻璃幕墙	喜阳	美国凌霄、山葡萄等
	避难层	耐荫／半耐荫	中国地锦等
建筑环境	建筑底部	喜暖、耐潮	爬山虎等
	建筑中部	排水性好	凌霄、蔷薇等
	建筑顶部	耐寒、耐旱、抗风	迎春等
建筑朝向	东南向	喜阳	凌霄、蔷薇等
	北向	耐荫／半耐荫	中国地锦等
	西向	喜光、耐旱	爬山虎等
	沿街楼房山墙	开花	炮仗花、牵牛花、茑萝等
绿化目的	防灰的临街楼房	叶面粗糙且密度大	爬山虎、中华猕猴桃等
	降低墙体和室内温度	生长快且枝叶茂盛	爬山虎、五叶地锦等

常见垂直绿化植物种类一览表

序号	类别	速度	高度(m)	重量	阳光	攀爬方式	常绿/落叶	花期	适栽部位	灌溉方式	观赏效果	图片
1	爬山虎	中速	20	最轻	喜光	吸盘	落叶	6月	地面	干旱	夏季观叶	
2	紫藤	快速	4	重	喜光	攀沿	落叶	6~10月	地面	忌涝	花+叶	
3	藤本月季	快速	3	较重	喜光	攀沿	常绿	5~10月	地面	水分充足	花+叶	
4	常春藤	快速	10	轻	耐阴	攀沿	常绿	9~11月	地面	见干见湿	叶	
5	络石藤	慢	10	较重	半阴	攀沿	常绿	4~5月	阳台	忌涝	叶	
6	五叶地锦	快速	20	最轻	喜光	吸盘	落叶	6月	阳台	忌涝	叶	
7	常春油麻藤	快速	20	较重	耐阴/喜光	攀沿	常绿	4~5月	阳台	保水	叶	
8	蔷薇	慢	2	较重	喜光	攀沿	常绿	5~9月	阳台	怕湿忌涝	花+叶	
9	西番莲	快速	4	较重	喜光	攀沿	常绿	6月	阳台/女儿墙	保水	果	
10	凌霄	快速	3	较重	喜光	垂吊	落叶	5~8月	女儿墙	忌涝	花+叶	
11	迎春	快速	3	轻	喜光	垂吊	落叶	2~4月	女儿墙	湿润	花	
12	云南黄馨	中速	2	轻	耐阴	垂吊	常绿	11月~次年8月	女儿墙	湿润	花+果	
13	蔓长春花	快速	1	较重	耐阴/喜光	攀沿/垂吊	常绿	3~5月	女儿墙	忌湿怕涝	花+叶	

关键措施与指标

（1）场地绿化覆盖率：乔灌草复合绿化覆盖率不低于70%，室外活动与休息场地乔木覆盖率不宜小于场地面积的45%。

（2）屋顶绿化覆盖率：屋顶绿化面积达到可绿化屋面的30%。

（3）绿视率：场地绿视率应达到15%，有条件时宜达到20%。

相关规范与研究

（1）《立体绿化技术规程》DG/TJ 08—75—2014第4章、第5章及第7章分别对屋顶绿化、垂直绿化及棚架绿化的设计、施工及养护管理提出相关要求。

（2）梁晓丹. 垂直绿化形式对建筑的设计要求研究[J]. 建筑工程技术与设计，2017（5）：469-470.

文中提出垂直绿化的设计要点及建筑环境对垂直绿化设计的影响因素，综合考虑建筑立面的系统构造、安全性能、植物选择、生长基质、灌溉与排水等主要设计要点，与相应的建筑同步规划、设计、验收、管理。建筑立面朝向、空间环境及建筑风格作为影响垂直绿化设计的因素，需要着重考虑。

（3）李岳. 珠三角地区办公建筑立体绿化设计研究[D]. 广州：华南理工大学，2017.

文中提出了立体绿化的多种应用形式，如屋顶绿化、墙面垂直绿化等，根据德国对屋顶绿化分类的标准，可以把屋顶绿化分为以下三类：粗放型屋顶绿化、半密集型屋顶绿化与密集型屋顶绿化。这三种屋顶绿化的荷载承受能力随着密集程度的升高而增大。墙面垂直绿化分为附壁攀爬式、骨架花盆式、模块式、铺贴式四类，并发展出牵引式、水培式、布袋式、板槽式、植物壁挂、可移动植物墙等多种形式。公共建筑垂直绿化应以藤架绿化为主，模块式拼装绿化为辅。

典型案例　上海建科莘庄10号楼

（上海建科建筑设计院有限公司设计作品）

综合考虑建筑朝向、周边环境等影响因素，将空间分为"上、中、下"三层，分别设计屋顶花园、树冠客厅与下沉庭院绿化，多维度增加建筑绿量，丰富空间绿化景观，为使用者提供优良的绿化环境。

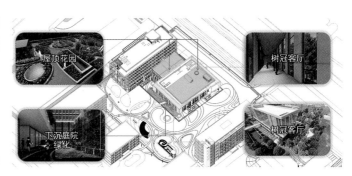

上海建科莘庄10号楼绿化设计分析

Planning

[目的]

合理的水体组织设计，有利于调节建筑周边空气温度和湿度，改善场地周边的气候舒适性，缓解热岛效应。

[设计控制]

采用尽量少的人工干预措施对城市原有内部水体（河段、湖泊）进行正向改变，充分合理设计人工水体，有机结合低影响开发设计，建立多样的生物群落，形成完整的生态系统，提高对建筑周边局部微气候的调节作用。

[设计要点]

P2-3-2_1 自然水体

（1）自然水体的组织设计应基于天然海、湖、河流等大容量自然水体的固有特征，充分利用地形及城市主导风向，实现夏季通风降温与冬季挡风遮寒。

（2）夏热冬冷气候区开敞空间的水体组织应主要布置在夏季主导风的上风向（南面或东南边，在上风岸2.5km以内最佳），扩大水面的降温范围，降低水面周围环境的空气湿度。

（3）优化自然水体周边的植被构建格局，利用高大落叶乔木引导气流向水面区域扩散。在冬季主导风的上风向（北面或西北向）种植常绿乔木，减少寒风对水面造成的热量流失。

相关规范与研究

（1）沙鸥. 适应夏热冬冷地区气候的城市设计策略研究[D]. 长沙：中南大学，2011.

文中4.2.3.2水面组织章节中针对夏热冬冷地区的自然水体水面组织提出气候适宜性设计策略："为方便夏季通风降温与冬季挡风避寒，夏热冬冷地区开敞空间中的水面应主要布置在夏季主导风的上风向（南面或东南边），使水面的降温范围得以扩大，并有利于降低水面周围环境的空气湿度。同时可以利用高大落叶乔木对气流向水面区域引导；而在冬季主导风的上风向（北面或西北向）种植常绿乔木，以避免寒风对水面造成的热量流失。"

典型案例 **上海浦东新区美术馆**

[同济大学建筑设计研究院（集团）有限公司设计作品]

整合美术馆边界与滨江绿地空间，设计亲水展示休憩空间延伸到黄浦江边，利用自然水体对美术馆周边微气候的调节作用改善场地气候舒适性。

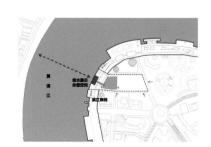

上海浦东新区美术馆亲水设计分析

P2-3-2_2 人工水体

（1）人工水体宜充分合理组织流动水景与静止水景布局，分散设计小型流动水景和静止水景相结合的形式，避免设计过大面积的水景设施，减少水景表面反射与太阳辐射。

（2）人工水体的水面组织策略宜充分利用主导风向对水体蒸发气流的引导，以及周围植被布局对水面热辐射的减弱作用。

（3）宜分时段控制人工水体，夏季增加喷泉等流动水景的开放时间，改善炎热的微气候环境；冬季夜晚采用静水方式释放热量，减少水体蒸发，降低空气湿度。

（4）人工水体设计宜与低影响开发设计相融合，与雨水及河道水利用设施相结合，兼具调蓄周边雨水的功能。

（5）人工水体的水质保障宜采用生态过滤、人工湿地、生态浮岛、微生物生态强化修复等生态水处理技术，构建稳定的水生动植物群落，保障水质环境。

关键措施与指标

调蓄型景观水体规模、调节深度及有效汇水面积：调蓄型景观水体面积不宜小于100m²，原则上有效调节深度不宜小于0.2m，且调节容积应在24～48h内排空。有条件情况下，其有效汇水范围至少宜达到景观水体面积的8倍。

相关规范与研究

（1）《绿色建筑评价标准》DG/TJ 08—2090—2020第9.2.5条文说明，景观水体设计与海绵城市理念相融合，兼具调蓄周边雨水的功能，且采用保障水体水质的生态水处理技术。

（2）沙鸥. 适应夏热冬冷地区气候的城市设计策略研究[D]. 长沙：中南大学，2011.

文中5.2.2水体形式设计章节针对不同人工水体形式具有的不同气候调节效果进行了分析。

"一般来说，流动的水体形式（如喷泉、水瀑等），由于扩大了蒸发面积，其降温效果都要好于静止的水体形式（如水池）。但静水形式更有利于水体对太阳辐射的吸收，降低局部空气温度；同时又减小了水体与空气的接触面，避免水雾形成造成的空气高湿。"

"夏热冬冷地区可以根据实际需要合理选择水体形式。而针对夏、冬两季气候适应性的矛盾，可以对水体形式进行分时段控制：在夏季，增加喷泉开放时间，以改善炎热的微气候环境；到了冬季，在正午温暖的时段开放喷泉蓄热，夜晚采用静水方式释放热量，并减少水体蒸发，有效降低空气湿度。"

Planning

Planning

典型案例 临港长兴科技园D3-02地块景观湖
（杭州绿城坤一景观设计咨询有限公司设计作品）

利用地块周边河道作为天然蓄水池，人工景观湖作为清水池，外围场地雨水由管网系统收集后排入周边河道，同时景观湖补水取自河道，经处理后回用于绿化浇灌、道路和车库冲洗，形成雨水收集回用循环路径。

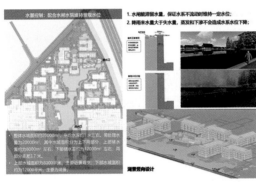

景观湖水量控制分析

景观湖水质控制分析

临港长兴科技园D3-02地块人工景观湖分析

P2-3-2_3 低影响开发

（1）夏热冬冷地区具有降雨量大、地下水位较高、土壤渗透能力较低等特点，该气候区公共建筑的低影响开发设计宜采用以"蓄、净、用"为主，"滞、渗"为辅的低影响开发设施。

（2）适用于公共建筑的常见低影响开发设施包括透水铺装、雨水花园、下凹式绿地、屋面雨水断接、雨水调蓄/回用设施等。

透水铺装：分为材质透水、结构透水和渗透排水三种形式。人行道、园路、停车场宜采用材质透水形式，广场可选择结构透水和渗透排水形式。

透水铺装形式分类

类型	常见形式	特点
材质透水	透水砖	面层、基层均透水
	透水混凝土/透水沥青	面层、基层均透水
结构透水	基层全透水性透水铺装	面层选择性透水，基层全部透水，实现立体透水效果
	缝隙透水	砖本身不透水，砖与砖缝隙≥7mm，缝隙为透水结构
渗透排水	缝隙式排水+渗水沟	面层不透水，利用线性排水沟排水，配合下部渗透
	渗透明沟式	面层不透水，利用明沟排水，配合下部渗透

下凹式绿地：当绿地率大于20%，或有集中绿地时，结合场地微地形及景观功能，宜在场地汇水低点处设置下凹式绿地。下沉高度宜为100~200mm，超高层宜为50~100mm，并设置溢流设施。

雨水花园：当绿地率小于20%，或绿地布局分散、位于小组团绿化及建筑周边绿化，宜在场地汇水低点处设置雨水花园。下沉高度宜为200~300mm，超高层宜为100mm，并设置溢流设施。

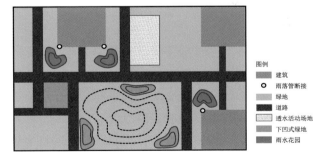

图例
■ 建筑
○ 雨落管断接
■ 绿地
■ 道路
▨ 透水活动场地
■ 下凹式绿地
■ 雨水花园

低影响开发设施布局示意

屋面雨水断接：可通过排水沟、雨水链、跌水等多种方式收集引导屋面雨水进入绿化内调蓄或下渗。建筑配套设施等低层屋面宜结合场地景观要求，通过多级引流、逐级消纳等方式进行屋面雨水消纳。

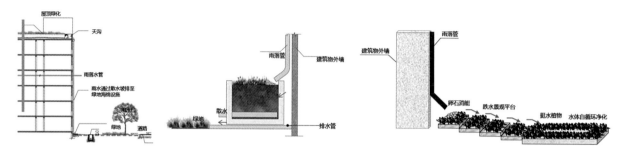

屋面雨水断接示意

雨水调蓄/回用设施：夏热冬冷地区屋面雨水水质较好，通过初期弃流处理后收集到的屋面雨水可回用于绿化浇灌、道路冲洗、车库冲洗及景观补水等。蓄水设施分为蓄水池、蓄水模块等形式，一般设置于排水系统的末端，兼具回用和调蓄功能。

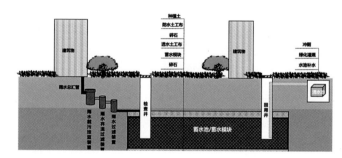

蓄水池/蓄水模块净化处理回用示意

关键措施与指标

（1）径流总量及径流污染控制率：年径流总量控制率宜为70%～80%，年径流污染控制率宜为50%～60%，具体以当地规划要求为准。

（2）雨水资源化利用率：雨水资源化利用率宜为10%，具体以当地规划要求为准。

（3）透水铺装率：硬质铺装地面中透水铺装面积的比例宜达到50%。

（4）下凹式绿地率：下凹式绿地、雨水花园、人工湿地等有调蓄、净化雨水功能的绿地和水体的面积之和占绿地面积的比例宜达到40%。

相关规范与研究

（1）《建筑与小区雨水控制及利用工程技术规范》GB 50400—2016第5.1.2条文说明，屋面雨水宜采用断接方式排至地面雨水资源化利用生态设施。

（2）《海绵城市建设技术标准》DG/TJ 08—2298—2019第1.0.4条文说明，海绵城市源头减排技术应以"滞、蓄、净"为主，以"渗、用"为辅，以"排"托底。

（3）《绿色建筑评价标准》DG/TJ 08—2090—2020第8.2.5、8.2.6、8.2.7条文说明，对场地雨水实施年径流总量和年径流污染控制，并利用场地空间设置绿色雨水基础设施。

典型案例　北控水务余杭第三总部基地

（中国建筑设计研究院有限公司设计作品）

通过建筑底层架空营造下沉雨水花园，并利用微地形变化引入生态湿地，营造水系连通的海绵系统，提高场地对雨水径流的分散消纳与调蓄能力，结合立体绿化与屋顶绿化的灵活设计，形成生态绿色的建筑环境。

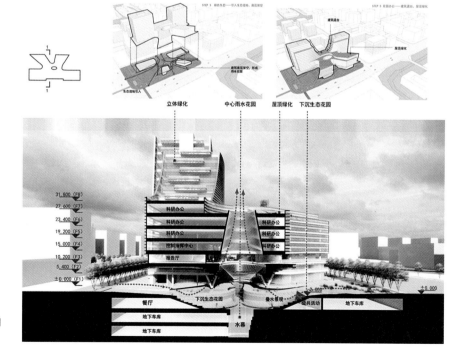

北控水务余杭第三总部基地低影响开发设计分析

[目的]

　　利用公共建筑的开放空间设计，丰富建筑形态，使公共建筑更好地融入环境，提升公众参与度和便民度，同时改善城市通风效果、日照条件和空气温度，调节城市局部空间的微气候环境。

[设计控制]

　　充分利用室外公共活动空间资源，针对公共空间可利用的位置和形式进行功能导向性设计，为使用者提供良好的建筑空间感受，同时考虑遮阳、避雨、防风等要求，在建筑场地开放空间设置功能性构筑物，为户外活动者提供应对不利气候的空间。

[设计要点]

P2-3-3_1 室外公共空间

　　按建筑"位置"分类：

　　（1）地下空间：宜通过设置下沉广场、庭院等方式，连接地面与地下功能，拓展公共建筑的额外空间。结合地下交通系统形成连续交互的公共空间，或根据使用需求和空间形式布置更多设施，最大程度开发开放空间功能。

　　（2）首层建筑：宜将公共建筑首层局部或全部架空，提供给公众穿越和通行，尽量缓解城市用地压力，增加建筑整体的汇聚力和吸引力。

　　（3）二层建筑：宜将建筑二层开放设计给公众，形成上下分流，通过设置室外台阶、楼梯、坡道等方式，分散外来人员和内部人员，引导参观流线和工作流线。

　　（4）三层及以上：位于建筑三层及以上的开放空间，宜将与地面相连的室内交通设施或室外楼梯设计与绿化种植相结合，丰富建筑造型，疏解公共空间的紧凑感。

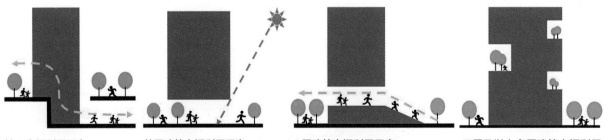

地下空间利用示意　　　　首层建筑空间利用示意　　　　二层建筑空间利用示意　　　　三层及以上多层建筑空间利用示意

按建筑"空间"分类：

（1）"点"空间

平台空间：楼层较高的公共建筑，宜利用面积灵活的平台组合出多种空间形式，为高层建筑使用者提供登高远眺和休息放松的开放空间，丰富建筑层次。平台设计宜与绿植相结合，美化城市形象。

下沉空间：商业建筑宜充分利用下沉空间形成导向性较强的开放休闲空间，结合景观布置形成游玩场所，结合广场布置形成观演场所，结合店铺布置形成商业场所或者结合地铁布置形成城市交通节点。

（2）"线"空间

通道空间：体量封闭、设计条件有限的公共建筑，宜设计占用空间尺度较小的通道，削减建筑的封闭感，提供便捷的穿行路线，提升建筑整体通透性。

连廊空间：开放空间尺度较大且对造型有特殊要求的公共建筑，宜结合建筑整体形象、功能需求，设计连廊连接建筑两端空间，加强两个功能的联系，丰富空间造型。

（3）"面"空间

广场空间：大中型公共建筑的底层宜结合周边街道设计广场作为开放空间，或作为交通疏散的场所和休闲集中场所。

花园空间：休闲式公共建筑的底层或顶层宜设计形式灵活的开放式花园，改善建筑环境、提高空间品质。

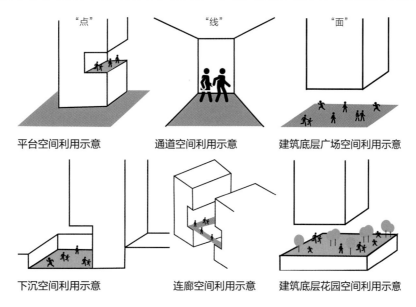

平台空间利用示意　　　　通道空间利用示意　　　　建筑底层广场空间利用示意

下沉空间利用示意　　　　连廊空间利用示意　　　　建筑底层花园空间利用示意

Planning

相关规范与研究

　　钟中，杨晴文.高密度城市背景下公共建筑开放空间设计研究——以北上广深港为例[J]. 住区，2019（1）.

　　文中提出公共建筑开放空间类型可按"位置"分为首层、地下、二层、三层及以上建筑开放空间，根据不同位置空间日常使用需求的区别，对每一层空间给出不同空间设计建议，最大程度开发建筑空间功能。

　　公共建筑开放空间类型也可按"空间形式"分为"点、线、面"三类，"点"空间包含平台与下沉两种形式，"线"空间通常以通道形式呈现，"面"空间包括广场与花园，不同空间形式的开放利用强化了不同类型建筑的功能建设。

典型案例 上海宝业中心

　　（浙江宝业建筑设计研究院有限公司设计作品）

　　设计屋顶花园与多个不同功能的下沉庭院强化建筑空间的垂直利用，利用连廊空间加强建筑功能性连接，丰富建筑形式和场地空间布局，形成地上与地下室外开放空间的拓展和延伸，打造立体化多维度的公共空间。

上海宝业中心建筑空间利用分析

P2-3-3_2 功能性构筑物

（1）夏热冬冷地区的功能性构筑物应当进行可变化的设计处理，适应冬夏两季对热舒适的不同要求；宜采用敷设绿化的镂空型遮阳设施，如休息连廊和花架，夏季通过绿荫遮挡太阳辐射，增强气候舒适性；冬季绿叶凋落后又能满足人们对日照增温的要求。

（2）功能性构筑物的布局既要考虑夏季迎风面的开敞，又要满足冬季日照的要求。宜采用凉亭、顶棚、花架等遮阳防护设施降低夏季过高的空气温度，设置矮墙等设施提供挡风条件。

（3）功能性构筑物的材质宜选择符合夏热冬冷地区气候变化的木质、塑料及特殊复合材料；尽量避免选用在夏季导热能力强、冬季蓄热慢而不适应昼夜温差变化的材质（如金属、混凝土和石材等），避免引起公众不舒适感。

相关规范与研究

沙鸥. 适应夏热冬冷地区气候的城市设计策略研究[D]. 长沙：中南大学，2011.

文中针对夏热冬冷气候区的功能性构筑物提出相应设计策略，应综合考虑功能性构筑物的热舒适性、遮挡性、采光性、材质适宜性等因素。

Planning

典型案例 上海建科莘庄综合楼

（上海建科建筑设计院有限公司设计作品）

　　建筑首层北侧设置了一处富有古典园林特征的照壁，作为景观小品，同时兼具冬季挡风墙的作用，有助于减少冬季西北风对大堂的冷风渗透。

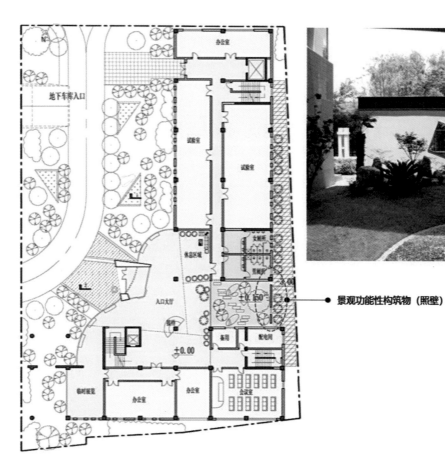

景观功能性构筑物（照壁）

上海建科莘庄综合楼功能性构筑物分析

一楼大堂的主出入口结合钢结构网架设爬藤垂直绿化作为遮阳构件，减少西晒，攀爬植物选择紫藤。

上海建科莘庄综合楼功能性构筑物

景观功能性构筑物（遮阳绿化）

Planning

B 建筑设计
uilding

　　建筑设计部分，通过对建筑设计的考虑因素，根据设计步骤，建筑师在不同阶段对绿色建筑设计的方法与策略。建筑师应透过对不同因素的不同性质条件，选择应对气候最适宜的设计手段进行组合、整合，形成全方位、全周期、合理高效的绿色建筑设计方案。

　　B1功能。本部分是对建筑功能及性能的分类，在满足功能前提下拓展其功能附加价值，以使用者行为需求为主导，创造人性化、绿色健康的生活理念，同时减少建筑能耗实现生态节能。

　　B2空间。本部分是在空间功能前提下，基于空间的量、形、质，对单一空间的不同性能利用和优化，选择适合的应对气候策略进行空间的组织组合，赋予空间更灵活的拓展能力，创造可变能耗空间，达到应对气候空间节能的绿色设计目的。

　　B3形体。本部分是在建筑几何、体量、方位形式上融入绿色设计策略后，气候赋予建筑的形体生成。这种形体生成是生态的、非形式化和装饰化的，是对周边环境更包容、友好的生态美学形态。

　　B4界面。本部分是在建筑内外界面上，对具有气候性能的界面元素进行性能优化，包括运用绿色科技的设计手法，界面元素通过对气候的吸纳、过滤、传导、阻隔，降低建筑能耗，调节舒适度。

[目的]

　　建筑使用空间从与自然的关系看，可分为室外、室内和室内外过渡空间三种类型。就室内空间而言，又可分为自然气候主导的开放性空间和以人工气候为主的封闭性空间。前者对自然气候要素具有明显的选择性，而后者则往往是排斥性的。不同的使用功能对于气候具有不同的适应性，通过合理设置建筑功能空间与室外气候的联系关系可以最大程度地利用自然资源，提高建筑能效。

[设计控制]

　　建筑空间与室外气候的联系表现为四种不同的基本状态：融入、过渡、选择、排斥。应按照不同的建筑具体功能需求设置这四种状态，充分拓展融入和过渡状态，合理设置选择状态，严格控制排斥状态。

[设计要点]

　　（1）充分拓展融入自然的开放性空间潜力。完全融入自然的室外空间和灰空间不需要额外的建筑耗能，可通过下沉庭院、内院、敞厅、敞廊等方式形成室外和半室外的功能空间。

　　（2）大力强化选择性空间的气候适应性设计。室内空间通常因空间或季节的变化而导致其风光热湿等物理性能的不充分满足，需要人工气候的局部补充，设计中需要仔细分析空间的尺度、朝向、洞口以及与其他空间的相邻关系，以充分利用有利气候因素，将不利气候因素的影响降到最小。

　　（3）严格约束封闭性空间。与自然隔阂的封闭空间需要最多能耗，建筑设计中对这类空间的设定需要极为慎重。对于可封闭可不封闭的功能空间应尽量采取措施避免完全封闭，如美术馆展厅可引入天窗采光。对于一定要封闭的功能空间应避免占据建筑中的最佳位置，如剧院的观众厅应避免紧邻建筑外墙。

建筑空间与室外自然气候的联系类型及设计对策

	融入	过渡	选择	排斥
能耗预期	无	无	取决于设计	高
举例				

[目的]

　　空间的舒适性要求与室外气候的差异是能耗发生的源头。使用空间因其不同功能而产生气候性能的等级差异，即对气候性能要素及其指标要求的严格程度，公共建筑空间可据此分为普通性能空间、低性能空间、高性能空间。

[设计控制]

　　高性能空间是需要维持相对稳定物理环境的空间，普通性能空间是物理环境可以有一定弹性的空间，低性能空间是不需要维持稳定物理环境的空间。根据功能特征对性能要素进行差异化选择，利用低性能空间作为气候缓冲区，将普通性能空间置于气候优先位置，高性能空间占据建筑的内部纵深，建构普通性能空间、低性能空间、高性能空间之间的适宜性配置与组织关系。

　　观演厅、竞技厅、恒温恒湿实验室等对风、光、热、声、湿等气候要素有较高要求，是高性能空间。这类空间无法通过对所在区域自然要素进行选择性引入、控制、补充来达到空间舒适性要求，往往需要借助主动式技术措施，会产生较高建筑能耗。办公室、教室、商场等空间对空间舒适性有所要求，但可以借助设计手段实现对区域内自然气候的利用或控制自然气候的不利影响以满足所要求的室内气候要素指标，这类空间是普通性能空间。普通性能空间可以通过设计手段（策略）减少主动式技术措施使用，有效降低建筑能耗。这些策略更多的是被动接受或直接利用可再生能源，没有或者很少采用机械和动力设备。设备间、杂物间等对低性能空间对室内舒适性要求不高，无论采用何种技术措施均不会造成较高建筑能耗。

空间性能分类

	低性能空间	普通性能空间	高性能空间
能耗预期	低	取决于设计	高
举例	设备空间、杂物储存等	办公室、教室、报告厅、会议室、商店、健身	观演厅、竞技比赛、恒温恒湿、洁净空间等

[设计要点]

（1）利用低性能空间作为气候缓冲区。低性能空间往往具有使用短时长、人员不固定的特征，如楼电梯间、设备间等，可设置在气候条件最不利区域，如北方地区的建筑西北角，成为阻挡室内外恶劣气候的屏障。

（2）使普通性能空间置于气候优先位置。普通性能空间通常占据各类公共建筑使用空间的最大比例，其空间应布置在有利于气候适应性设计的部位。对自然通风和自然光要求较高的空间常置于建筑的外围，对性能要求较低的空间置于朝向或部位不佳的位置。

（3）利用建筑内部设置高性能空间。高性能空间通常依赖设备维持稳定的室内物理环境，应尽量远离室外自然气候环境，因此应尽量设置于地下或不临建筑外围护结构的内部。

不同气候区下高性能、普通性能与低性能空间组织关系示意表

气候区	示意	实例	示意	实例
严寒及寒冷地区		大连国际会议中心，辽宁大连		通快公司波兰技术中心，波兰华沙
夏热冬冷地区		上海虹桥艺术中心，上海		CityVerve 公司英国总部，英国曼彻斯特
夏热冬暖地区		加州大学欧文分校当代艺术中心，美国加州尔湾市		清华大学海洋中心，广东深圳

图例： ■ 高性能空间　■ 普通性能空间　□ 低性能空间

1.剧场 2.大堂 3.办公 4.机房 5.化妆间 6.画廊 7.活动室 8.院子 9.会议 10.展览
11.会议中心 12.卫生间 13.杂物间 14.教室 15.楼梯间

Building

建筑不同空间性能分类（以医院建筑为例）

高性能空间	普通性能空间	低性能空间
门诊手术 产科 急诊手术 ICU 急救 EICU 太平间 功能检查 分娩部 血样 麻醉 手术部 中心供应 介入治疗 NICU 新生儿	挂号 药房 门诊科室 内科单元 日间医疗 儿科 门诊治疗 出入院 体检 示教 感染门诊 外科单元 分诊 教学 急诊 实验 离观 动物房 宿舍 营养 生活设施 药剂 行政管理 检验 信息处理 内窥镜 生殖中心 医技部 病理 放射影像	供应品库 机房 洗衣房 垃圾站 废物处理

南北方地区的空间组织模式示意

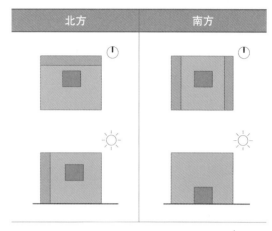

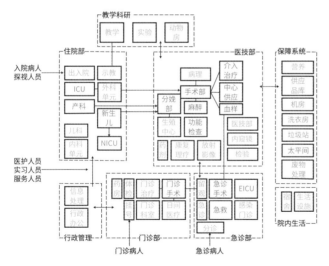

基于功能空间性能分类的空间组织模式示意（以医院建筑为例）

由于不同性能空间对室外自然要素选择性运用程度不同，其相对位置也存在差异。普通性能空间应布置在利于气候适宜性设计的位置，多具有良好的自然通风采光，低性能空间多集中布置在朝向或部位不佳的位置。在夏热冬冷地区，卫生间、楼梯间等空间可布置在东、西向以减少西晒对主要使用空间的影响，也可布置在北向以抵挡冬季西北季风。以人工气候为主的高性能空间则需要考虑控制外界自然要素的不利影响，往往布置在与自然环境隔离的位置。

基于建筑能耗整体控制的基本原则，需要严格控制三类性能空间的相对比例关系。由于将普通性能空间布置在气候适应性设计部位能利用自然要素满足空间舒适性要求，减少主动性技术措施使用，有效降低建筑能耗，该类型空间应占建筑使用空间的最大比例。由于高性能空间能耗预期高，除了将其布置在合适位置外，也要严格约束其依赖主动性技术措施空间的规模，使其小于普通性能空间所占比例。由于室内舒适性要求低，低性能空间多为辅助空间，所占比例最低。

[目的]

通过建筑的设计及场地连接，将更多的自然元素融入室内和室外设计中，鼓励使用者采用环境友好的绿色出行方式。

[设计控制]

（1）亲自然设计：在室内提供自然接触的机会；

（2）鼓励绿色出行：提供步行、骑行友好的道路设计，通过绿色出行可以便利连接到周边的各类服务设施；为运动通勤人员提供便利的设施，例如自行车存放设施、更衣室、淋浴设施等，鼓励人们采用绿色出行。

[设计要点]

B1-2-1_1 亲自然设计

将亲自然的元素，例如盆栽植物、植物墙、木结构构件、木构家具、木地板、水景等自然要素与设计结合，应用在室内环境设计中，确保在室内工位及座位上人员的直接视野范围内有亲自然设计元素。

关键措施与指标

亲自然设计范围：在办公室、会议室等区域，至少有75%的工位和座位的直接视野范围内有亲自然设计。

相关规范与研究

《健康建筑评价标准》T/ASC 02—2016第8.2.6条文说明，关于营造优美的绿化环境、增加室内外绿化量的要求。

典型案例 上海建科莘庄生态楼

（上海建科建筑设计院有限公司设计作品）

上海建科莘庄生态楼室内绿化主要根据绿化面积及建筑功能进行设计，由室内花园和室内摆放的盆栽植物组成。一楼中庭的室内花园，选用了接近自然的群落式绿色形式布置，具有较好的观赏效果和生态效益，且营造有利于健康的室内环境。

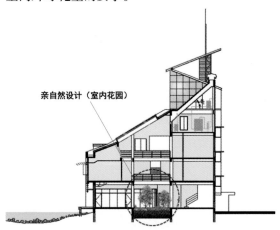

亲自然设计（室内花园）

生态楼亲自然设计示意

Building

[设计要点]

B1-2-1_2 鼓励绿色出行设计

（1）人行及骑行环境设计：设计安全无障碍的人行道及自行车道，对于机动车车道限速超过15km/h的路段，需要在道路设置物理缓冲区，保障行人安全；对于机动车道限速超过30km/h的路段，需要设置专用保护的自行车道。零售或者混合使用的人行道宽度至少3m，其他人行道至少1.5m。单行自行车道至少1.5m，双行车道至少2.5m。为人行道和自行车道的提供树木遮阴，提供一个更舒适的室外环境。

（2）道路的连接性：项目周边的步行通道完整，项目入出口挨着骑行路网，能连接周边多种服务设施；场地附近设有公共交通站点，能提供多条公交线路，能为建筑使用人员提供方便。

（3）基础设施：为运动通勤人员考虑设置储物柜及淋浴设施，为骑行通勤人员提供自行车维护的基本工具及数量充足的自行车位。

关键措施与指标

（1）道路遮阴比例：为至少40%的人行道和自行车道提供树木遮阴。

（2）连接性：项目主入口步行距离800m距离范围内，至少8种通过人行道连接的出行方式。场地出入口步行距离500m范围内设有不少于2条线路的公共交通站点。项目位于现有骑行路网200m步行距离内，该骑行路网能连接到项目边界4.8km内至少10种多样化使用类型（如食品零售、社区服务、社区设施等）。

（3）自行车位数量：提供至少可供5%住户使用的长期自行车位和2.5%高峰访客可用的短期自行车位。

（4）储物柜及淋浴设施数量：为前100个常规住户至少提供一个储物柜及淋浴设施，之后每150位常规住户提供一个额外的储物柜及淋浴设施。

相关规范与研究

《健康建筑评价标准》T/ASC 02—2016第7.2.3条文说明，鼓励采用绿色与健身相结合的出行方式；第7.2.6条文说明，关于设置可供健身或骑自行车的人使用的服务设施的要求。

Building

[目的]

鼓励建筑空间进行弹性功能拓展和健康设计，为建筑空间提供增值。

[设计控制]

（1）通过与社会共用既有便利设施和灵活可变功能空间的设计，拓展建筑空间的弹性功能；

（2）通过健康设计，关注室内外休闲健身空间的设计及室内热湿环境、空气品质等方面的设计，提高室内人员的健康度及满意度，为建筑提供功能增值。

[设计要点]

B1-2-2_1 鼓励健康设计

（1）休闲健身空间：为建筑居住者提供休闲的健身空间，例如：室内的羽毛球馆、游泳馆或健身房、室外的篮球场、健身步道等。

（2）室内环境质量：不同功能区域的温度、湿度、新风量等设计参数应符合现行国家标准《民用建筑供暖季空调通风与空气调节设计规范》GB 50736—2012的有关规定，以满足不同功能区内的热湿环境舒适性；主要功能房间设置现场独立控制的热环境调节装置；设置空气净化系统，控制室内空气污染物浓度，室内空气污染浓度应符合现行国家标准的有关规定；室内设置空气质量监测系统，监测室内PM2.5、PM10、CO_2浓度，对室内空气质量监测数据能实现超标警示；厨房、餐厅、卫生间、打印复印室、地下车库等区域内应设置隔断及排风系统，避免污染物串通到其他空间。

关键措施与指标

（1）室外健身场地面积：不少于总用地面积的0.5%；

（2）室内健身面积：不少于地上建筑面积的0.3%且不小于60m²；

（3）专用健身慢行道：宽度不小于1.25m，慢行道长度不小于用地红线周长的1/4且不小于100m。

相关规范与研究

《绿色建筑评价标准》GB/T 50378—2019第6.2.5条文说明，关于合理设置健身场地和空间的要求。

典型案例 上海建科莘庄10号楼

（上海建科建筑设计院有限公司设计作品）

项目在室外设置运动健身场地，为员工提供休闲健身空间。

运动场地设计

Building

B1-2-2_2 弹性功能拓展

（1）共享公共功能：主要服务功能在建筑内部混合布局，部分空间共享使用，如建筑中设有共用的会议设施、展览设施、健身设施、餐饮设施等以及交往空间、休息空间等，提供休息座位、家属室、母婴室、活动室等人员停留、沟通交流、聚集活动等与建筑主要使用功能相适应的公共空间。公共空间向社会开放共享的方式也具有多种形式，可以全时开放，也可根据自身使用情况错时开放。建筑向社会提供开放的公共空间，既可增加公共活动空间提高各类设施和场地的使用效率，又可陶冶情操、增进社会交往。例如文化活动中心、图书馆、体育运动场、体育馆等，通过科学管理，错时向社会公众开放；办公建筑的大型公共会议室向社会开放共享，商业建筑的屋顶绿化在非营业时间提供给公众休憩等，鼓励或倡导公共建筑附属的开敞空间错时共享，提高公共空间使用效率及社会贡献率。

（2）灵活可变功能：建筑空间功能可以灵活变换，方便不同人群长期或短期的各种功能使用。

关键措施与指标

共享空间数量：项目至少有2个对外开放的共享空间。

相关规范与研究

（1）王清勤，韩继红，曾捷. 绿色建筑评价标准技术细则（2019）[M]. 北京：中国建筑工业出版社，2020.

有关公共建筑提供便利服务的具体要求。

（2）《绿色建筑评价标准》GB/T 50378—2019 第4.2.6条文说明，关于采取提升建筑适变性措施的要求。

典型案例 **上海建科莘庄10号楼**

（上海建科建筑设计院有限公司设计作品）

地下一层设置公共食堂，形成弹性功能空间。该空间通过下沉庭院与室外连通，具有良好自然采光通风效果。

公共食堂，形成弹性功能空间

弹性功能空间分析

[目的]

在建筑单体布局中，根据夏热冬冷地区气候特征及场地环境要素，对不同能耗性能空间的组织（相互关系、相对位置及连接形式）进行设计，形成既符合使用需求、又利于形成建筑与自然良性关系，实现节约能源的开放系统。设计目的是为了达到建筑空间在夏季通风排热、冬季保温，并减少过渡季空调使用时长及使用时的能耗。

[设计控制]

建筑空间根据不同功能对气候性能的需求分为高性能、普通性能、低性能空间（详见"功能"篇章）。空间组织即对不同性能空间及其与室外气候联系的状态进行设计，遵循"气候调节-建筑能耗-空间形态"相互作用的原理，强化"自然做功"在气候管理中的效率。此过程是建筑被动式技术系统性设计初期需要考虑的环节，具有明显的前置性；为保证后期空调系统与空间组织的耦合，建议此环节请空调工程师介入对合理性进行验证。设计时应：

（1）控制单一建筑空间在整体布局中的定位、相对位置，确保合理分区，优化能效表现；

（2）选择建筑空间的不同连接方式，保证功能使用的前提下，选择更具气候适应性的空间组织类型；在相应空间组织类型中对流线进行优化设计，提高使用热舒适度及心理感受。

[设计要点]

B2-1-1_1 空间合理分区

（1）合理安排不同能耗空间在建筑中的位置及相对关系，为降低建筑能耗提供基础，保证人工气候调节仅用于最需要的区域，实现室内环境人工依赖最小化。普通性能空间宜布置在气候适宜性的位置，多具有良好的自然通风采光；低性能空间多集中布置在朝向或部位不佳的位置，例如卫生间、楼梯间等空间可布置在东、西向以减少西晒对主要使用空间的影响，也可布置在北向以抵挡冬季西北季风。以人工气候为主的高性能空间需控制外界自然要素的不利影响，往往布置在与自然环境相隔离的位置。利用低性能和普通性能空间的阻隔，使高性能空间获得更好的环境条件。

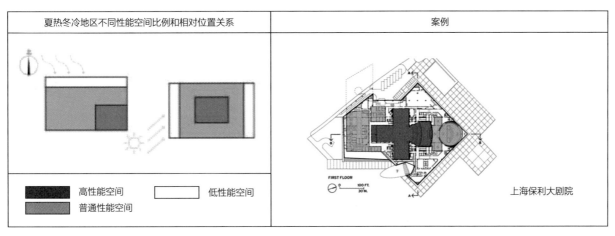

夏热冬冷地区不同性能空间比例和相对位置关系	案例
高性能空间　低性能空间 普通性能空间	上海保利大剧院

公共建筑中不同性能空间位置和相对位置关系

（2）通过合理配置功能区位，实现节能目标。控制同一功能或相同性能空间在建筑中的相对位置关系，同层或分层布置、通高或错层布置，实现同类空间的节能适宜性配置。

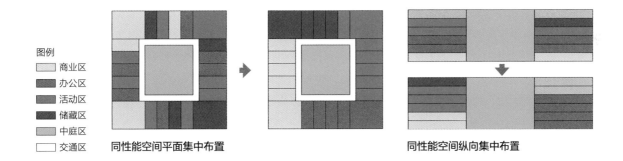

图例
商业区
办公区
活动区
储藏区
中庭区
交通区

同性能空间平面集中布置　　　　　同性能空间纵向集中布置

（3）普通性能空间可通过靠近产生富余热的设备空间以获取热量或者远离来满足降温需要。普通性能空间要优先利用自然通风与采光，在进深较小的平面中，多将普通性能空间布置在采光效果好的建筑外围及夏季迎风面，避免布置在背风面和朝向不佳的位置；在进深较大的建筑中，普通性能空间可贯穿形成开敞平面；也可靠近如中庭、边庭、天井等垂直流通空间以获得更多自然通风。普通性能空间宜结合院落布置，引入室外气候要素，或结合气候条件将院落作为气候缓冲带。

关键措施与指标

（1）功能空间布局：普通性能空间宜布置在气候适宜位置，低性能空间宜集中布置在朝向或部位不佳的位置作为气候缓冲空间，高性能空间宜远离气候边界处。相同或相近性能空间宜集中布置或同层布置，不同性能空间宜分开布置或独立设层。

（2）自然要素引入：普通性能空间宜通过组织布局、引入、控制自然要素，实现空间舒适性、降低建筑能耗。

相关规范与研究

（1）安琪，黄琼，张颀. 基于能耗模拟分析的建筑空间组织被动设计研究[J]. 建筑节能，2019，47（1）：77-84.

文章基于气候条件与场地信息，从空间温度分区组织、共享空间组织和平面空间分隔组织方式三个层面探讨了内部空间组织优化的被动设计策略和方法。

"合理的空间温度分区可以控制建筑内的温度、湿度、光照和空气流速等，有效地利用自然能量，降低建筑能耗。温度分区首先考虑设置温度阻尼区，把容许温度波动范围较大的房间如楼梯间、卫生间、库房等辅助空间作为温度缓冲区安排在建筑的不利朝向，把有利朝向留给主要功能空间。"

（2）韩冬青，顾震弘，吴国栋. 以空间形态为核心的公共建筑气候适应性设计方法研究[J]. 建筑学报，2019（4）：78-84.

文章在"4　基于气候和能量管理的空间分类与形态组织"篇章中，探索分析了基于整体气候性能的空间形态组织，得出"1）使普通性能空间置于气候优先位置；2）充分拓展融入自然的低能耗空间潜力；3）优先利用自然采光与通风；4）根据功能特征对气候要素进行差异性选择"的结论。

Building

典型案例 太平鸟高新区男装办公楼项目

（上海建科建筑设计院有限公司设计作品）

太平鸟高新区男装办公楼项目位于宁波高新区。项目在平面布局中将办公空间平面集中布置，形成开敞空间；并在内庭设一圈环廊，作为气候缓冲空间，优化内部办公空间气候环境。

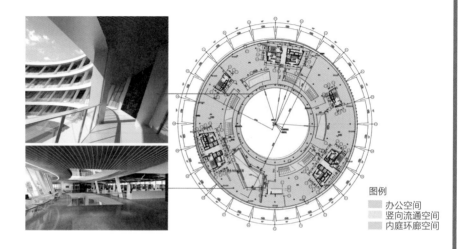

图例
■ 办公空间
■ 竖向流通空间
■ 内庭环廊空间

二层平面功能分析

B2-1-1_2 空间连接

普通性能空间或高性能空间与低性能空间（功能常为交通空间、公共空间；形式多为融入型或过渡型空间）之间连接的，应合理选择连接方式，通过室内物理环境与室外气候的交互作用，使普通性能空间在冬季避风保温与夏季通风遮阳的总体需求中平衡，达到高性能低能耗的设计理念。

（1）建筑北部宜采用集中式布局，或将低性能连接空间布置于北侧形成缓冲空间；建筑南部宜结合夏季风方向采用分散式连接或走廊式连接，促进建筑夏季通风散热。

（2）院落式布局在本地区能获得较佳的光环境与风环境，适宜采用。

（3）庭院、天井等融入型空间常作为连接空间大量出现在设计当中。在过渡季节，此类空间连接形式为使用者提供了舒适的室外气候体验；夏冬二季，针对流线空间带来热舒适度的不连贯，设计中可通过灵活交通流线策略或可变表皮策略进行优化设计，全年实现舒适。

（4）近年来，高密度城市非常重视地下空间资源利用，通过地下空间综合开发，优化城市空间结构，达到空间集约高效、环境友好。本气候区应结合气候特色充分利用地下空间资源，可通过地下空间的连通为夏冬二季分区，提供舒适交通流线。地下空间结合气候特色具体设计措施详见B3-1-1_5增强地下空间通风采光。

Building

关键措施与指标

　　院落长宽比控制：庭院作为气候缓冲腔体，设计时应考虑空间基本使用需求及建筑、人、环境的有机结合。综合自然通风与自然采光的研究情况，将结果耦合，院落长宽比宜为1.3∶1～2∶1，高宽比宜为1∶2.5～1∶1.8，实际情况应结合功能与用地指标等其他因素一同考虑。

　　空间连接控制：交通流线宜穿过相同或相近热舒适度空间，确保提供使用者持续的热舒适度体验。分散式连接宜采用可变表皮等手段对主要交通流线中过渡及融入型空间进行设计，确保交通流线全年舒适体验。

相关规范与研究

　　（1）《民用建筑绿色设计规范》JGJ／T 229—2010第6.2.4条文说明，将需求相同或相近的空间集中布置，有利于统筹布置设备管。

　　（2）彭一刚. 建筑空间组合论（第3版）[M]. 北京：中国建筑工业出版社，2008.

　　第二、三章着重阐述功能、结构对于空间组合的规定性与制约性。通过不同种类空间组合，结合区域气候特征，分析出气候适应性空间连接方式。

典型案例　**都江堰市新建综合社会福利院**

　　　　（上海建科建筑设计院有限公司设计作品）

　　川西夏季及过渡季主导风向为北风，东西朝向的综合服务楼采用特殊体形获得东西面气压差，形成室内自然穿堂风，所得各工况下室内自然风平均流动速度为1.2～3.0m/s，换气次数大于2次/h，且气流通畅。分散式庭院布局在过渡季提供了舒适的室外活动空间；同时通过可变动线设计，在夏季、冬季为人流动线提供了稳定的热舒适度环境。

散落式庭院布局示意

风环境分析不同季节动线示意

[目的]

空间组合通过空间与空间、空间与自然之间组合形成不同的空间状态，通过融入型空间、过渡型空间的应用，仅利用自然要素或结合被动设计手段满足其舒适性要求以达到减少照明、空调等建筑能耗，减少过渡季节空调和采暖使用的时长。

[设计控制]

普通性能空间与室外空间间隔组合，中间形成没有明确具体功能的空间，是室内外气候交换和过渡的有效媒介，常作为为过渡型空间。中庭、边庭以及外廊、阳台等灰空间是其代表性形式。过渡空间独立布置是无意义的，需要与其他空间组合使用。

（1）通过中庭空间植入，增强自然采光与通风；

（2）通过控制热缓冲空间设计来增强建筑的能效。应考虑主要功能空间与热缓冲空间的边界设计与阻止其能量交换的设计。

[设计要点]

`B2-1-2_1` 设置气候缓冲腔体

建筑气候缓冲空间位于需要补充人工气候的使用空间与自然环境之间，其目的是促进建筑外部与内部之间的气候要素交流，中庭、边庭以及外廊、阳台等灰空间是其代表性形式。这类空间不仅要满足使用者的基本使用需求，还要考虑建筑、人、环境的有机结合，并与多样的系统、地域、自然环境、技术体系动态复合。

气候缓冲腔体作为空间组合工具，是承载着空气介质的庞大载体，使建筑内部产生了气候梯度。合理设置能增加室内气候梯度、有效应对外界恶劣气候对于建筑内部的影响。外环境通过气候缓冲腔体的过渡对建筑内部空间的使用产生影响，使室内热环境始终保持一个舒适的状态，同时降低了建筑因使用机械设备而消耗的能源。

根据缓冲腔体封闭性可分为两类：封闭性缓冲腔体——中庭、边庭等；开放性缓冲腔体——外廊、阳台等。不直接接触外部环境的中庭空间是巨大能耗空间，如非功能需要不宜采用。

Building

气候缓冲腔体的空间类型

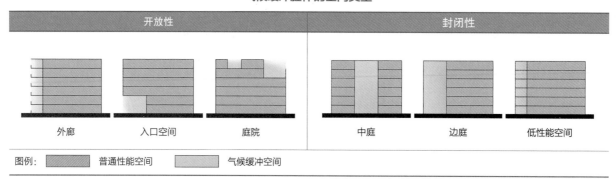

（1）中庭作为气候缓冲腔体也可能带来能耗增加、舒适度降低的负面效果，设计时应通过对中庭的位置、尺度、体形进行优选，并通过模拟分析优化设计获得最佳效果。

（2）控制中庭空间在建筑中所占比例、高宽比及长宽比等，改变引入建筑的自然采光、太阳辐射以及通风。充分利用中庭热压通风，发掘中庭自然采光的节能潜力，减少建筑的照明能耗、采暖能耗以及制冷能耗。

（3）中庭面积占比可适宜放大，宜采用长宽比适中（可为2∶1）的中庭。单纯从通风角度，宜尽量增大中庭空间高宽比，通过高耸狭长空间，增强热压通风。

（4）中庭顶面应进行得热与通风设计，顶面应有外遮阳及可排风设计。

（5）中庭剖面形状宜为矩形，虽然A形与V形剖面形状均能获得较低能耗，但综合自然采光及热压通风，矩形剖面形状更适宜。

中庭剖面形式

A形	V形	平行布置	H形

（6）宜在南向、东南向设置阳光房以获得更多太阳辐射，有利于冬季采暖，但夏季需要做相应遮阳处理。

（7）建筑宜在北向设置封闭阳台以阻挡冬季寒风对主要使用空间的侵袭。

（8）建筑功能中的设备间、储藏间等使用频率较低的低性能空间及人流量较低的交通空间也可以作为气候缓冲腔体。

气候缓冲腔体空间组织办法

设计过程	机理	方法与策略	设计技术	工具与平台
建筑空间组织与组合	建立一个缓冲区域，平衡室外极端气候与室内微气候调节	通过考虑热缓冲空间来增强建筑的能耗性能	1）应考虑主要功能空间与热缓冲空间的边界设置与阻止其能量交换的设计；2）对缓冲腔体位置、尺度、体形进行优选	模拟分析工具

关键措施与指标

（1）模拟分析：中庭设计应有冬季、夏季、过渡季节的通风、采光、遮阳的模拟分析作为支撑。

（2）中庭布局：中庭宜贴顶设置并加设天窗，减少照明能耗，不宜放于西侧，以避免西晒；顶面应有外遮阳及可排风设计。

（3）设置气候缓冲腔体：宜设置气候缓冲腔体引入室外气候要素，有效降低使用空间的采暖、制冷、照明等建筑能耗。气候缓冲腔体设计应同时考虑空间基本使用需求，还要考虑建筑、人、环境的有机结合。

相关规范与研究

（1）衡贵猛. 大型商业综合体中庭空间设计研究[D]. 南京：南京工业大学，2018.

参考第四章"商业综合体中庭空间设计策略"中，对中庭种类、生态功能、形式与尺度等方面的设计策略研究。

（2）朱琳. 建筑中庭的被动式生态设计策略[D]. 长沙：湖南大学，2008.

参考第四章"中庭的被动式生态设计策略"中，对中庭自然采光与通风、平面与剖面布局的被动式设计的分析说明。

（3）高阳. 夏热冬冷地区方案设计阶段建筑空间的节能设计手法研究[D]. 长沙：湖南大学，2010.

参考第四章"灰空间的节能设计手法"中，对气候缓冲空间和灰空间组织的相关设计要点。

典型案例 梅溪湖绿色建筑展示中心
（上海建科建筑设计院有限公司设计作品）

项目位于湖南长沙，通过设置丰富的半室内、室外空间，组成热缓冲空间，延长了夏热冬冷地区的过渡季，同时与使用需求相结合，真正做出了高效舒适的绿色设计方案。

庭院、入口空间作为气候缓冲腔体示意

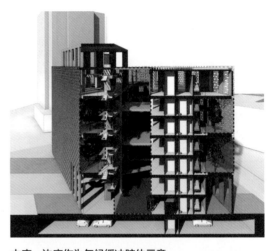

中庭、边庭作为气候缓冲腔体示意

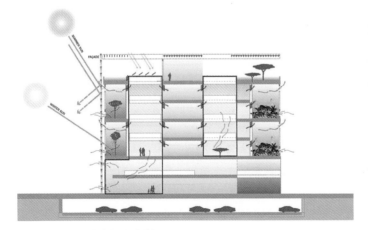

气候缓冲腔体促进空气流动分析

气候缓冲腔体可塑造为共享空间示意

Building

[目的]

"量"是指空间的规模尺度，通常表述为平面面积、三维尺寸和容积等可度量指标。通过对空间"量"的合理设计，影响建筑空间自然采光、通风，空间舒适度，采暖效率等指标，达到提高建筑能效的目的。

[设计控制]

单一空间的气候适应性设计可以从量、形、性、质、时等几个方面控制。普通性能空间应在气候驱动下统筹几方面设计，空间"量"的控制对能耗表现具有基础性意义。

（1）控制空间平面尺度改善空间自然采光与通风效果，避免室内眩光等；

（2）控制空间高度增强被动通风与自然采光效果，避免室内眩光等。

[设计要点]

`B2-2-1_1` 控制空间平面尺度

在普通性能使用空间中，控制平面尺度的主要参数是进深与开间，主要影响因素为自然通风和采光。

（1）在没有特殊使用功能的要求下，通常采用小进深布局，可获得较好的自然通风和采光。当单侧采光空间进深不大于8m时，空间可完全依赖自然采光与通风，当进深过大，自然采光削弱，空间照明能耗增加。

（2）当建筑进深过大时，自然通风效果不是很好。可将普通性能空间形成开敞平面，靠温度不同或气压不同促使空气流动；或通过天井或通风井的布置，积极利用热压通风。注意在本气候区，穿堂风是最佳的自然通风方式。

（3）当空间进深过大时，自然采光不足，可将普通性能空间贯穿在一起形成开敞平面，采用天窗或中庭来辅助加强自然采光；中庭合理采光时，其高宽比一般控制在3：1左右。

关键措施与指标

（1）建筑进深控制：普通办公空间进深经验值为8~16m。当建筑进深小于14m时，通过在建筑两侧设置通风口等措施，能够最大强度增强穿堂风，带来风压通风最好效果。建筑进深宜小于5倍室内净高，单侧采光或通风，进深宜小于2.5倍室内净高。

（2）设置开放空间：在开放办公空间的开间方向有外窗的前提下，当开放办公空间面积占比增大时更有利于节能，可适当多设置开放办公空间。

Building

典型案例　**太平鸟高新区男装办公楼项目**

（上海建科建筑设计院有限公司设计作品）

　　太平鸟高新区男装办公楼项目位于宁波高新区。在建筑设计中对主要使用空间采用小进深的做法增强自然采光与自然通风，建筑进深约27m，内庭院环2.4m宽度的外走廊，环形内庭院直径约为42m。幕墙设计时，着重结合外遮阳构件，采取反光的方法，将更多自然光引入室内。通过内庭院设计、天窗、大空间、每层连通共享等设计，充分运用自然光，办公空间达到良好的自然采光效果。

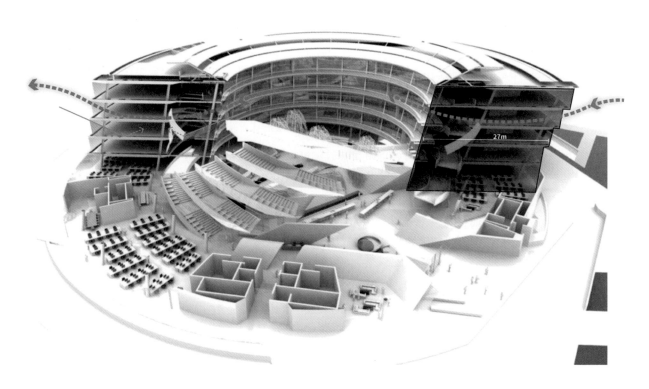

布局进深分析

B2-2-1_2　控制空间高度

多层或高层建筑楼层垂直方向层叠排布，从经济性角度出发，建筑层高在满足基本需求的情况下尽量低从而实现更低的建设成本。低层公共建筑，尤其是对于机场航站楼、会展、体育场馆这类占地巨大、层数不多的公共建筑来说，建筑空间高度就有较大的选择弹性，主要从设计需求出发。

由于热空气上升，冷空气下沉，对于需要采暖的空间来说低矮空间热舒适性更优；对于需要制冷的空间来说高大空间热舒适性更优，热空气升到高处可以带走近地面的热量。

为保证冬季采暖效率，应尽量避免无用过高过大空间，对普通使用空间来说，建筑室内空间高度达到3m即可满足要求。可采用裸顶，或者不封闭的格栅吊顶来增高室内空间感受。

如需采用高空间夏季带走空间热量，可考虑设置开启式的通风井，通过热压通风带走热量。

空间高度对采暖效率的影响

关键措施与指标

建筑高度控制：建筑空间高度应满足各地市相关规定及上位规划。普通使用空间高度达到3m即可满足要求。无特殊功能需求不宜采用过高、过大空间。

相关规范与研究

高阳. 夏热冬冷地区方案设计阶段建筑空间的节能设计手法研究[D]. 长沙：湖南大学，2010.

参考论文第三章"内部空间的节能设计手法"中气候适应性建筑剖面设计要点。

Building

典型案例 太平鸟高新区男装办公楼项目

（上海建科建筑设计院有限公司设计作品）

　　太平鸟高新区男装办公楼项目位于宁波高新区。建筑设计中，办公标准层层高为4.3m。控制空间高度，避免设计过高、过大空间，能够在空调使用时增强空调能效，减少能源浪费。同时设计通过采用镂空吊顶（金属格栅）、竖向交流中庭等措施提高空间高度舒适性，避免给使用者带来过于压抑的感觉。

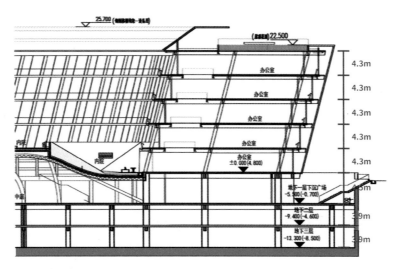

剖面层高示意

金属格栅吊顶示意

竖向交流空间示意

[目的]

"形"是指空间的形状。"形"的设计影响建筑空间自然通风与采光，空间舒适度，采暖效率等。通过"量形"统筹设计方法可以优化空间的气候性能，比如，在夏季可借助高耸形态的风塔带动热空气排出。

[设计控制]

建筑单一空间最常见的平面为矩形，其功能适应性强，利用率高，有利于多个空间的无缝拼接，结构上较为经济，便于改造和重新划分空间。除矩形外，平面还会出现多边形甚至不规则形。虽然不规则平面形状会降低空间的使用效率，但也能形成更有变化的空间效果，在设计时应综合考虑。应围绕"控制外采光面的进深，尽量减小无法实现自然采光通风区域的面积"为基本原则进行设计。

（1）本气候区，考虑夏季通风需求，宜在夏季迎风面采用墙体长度较小的凸多边形。

各气候区单一空间宜用平面形状

严寒地区	寒冷地区	夏热冬冷地区	夏热冬暖地区

（2）控制空间高度，能够影响空调采暖效率及自然通风：低矮空间能提高空调采暖效率，空间热舒适性更优；当空间高度足够高时，高空间通过热压通风增强自然通风，排出室内湿热，降低空调能耗。宜通过高空间合理设置，增强夏季通风，减少室内空调能耗；由于冬季保温的需求，建议高空间采用可变形式，增强季节适应性。

（3）控制开敞空间，调节微气候流动。根据空间外墙上洞口疏密、位置、朝向或内部空间隔断多少、隔断通透率等参数调节室内气流流动。在夏季达到通风排热，减少空调能耗的目的。

[设计要点]

B2-2-2_1 利用高空间热压通风

根据统计，当室内环境温度达到26℃以上时，室内人员开始觉得炎热不适，30~33℃之间可通过电扇辅助降温，大于33℃时需利用空调降温。在26~33℃之间，本气候区的春秋季，为减少不必要空调能耗，宜自然通风排出室内湿热降低建筑空调能耗。

自然通风可分为风压通风和热压通风两类。热压通风是利用不同高度空气温差形成的气压差而产生的通风，由于空气在垂直高度方向的温差分布变化比较平缓，因此需要较大的高差才能形成有效的热压通风，通常这个高度不小于10m。

可利用高大的空间，如楼梯间、具有实际功能的高大房间，利用采光的高侧窗作为热压通风出风口，可结合功能需求设计中庭或通风塔，在剖面高低之间形成稳定的热压通风。

在大体量公共建筑中，热压通风对解决大尺度空间的通风问题尤为重要。体育馆、展览馆、机场、车站等高大空间或者商业、办公、宾馆建筑的中庭空间宜采用中庭热压通风。对于普通建筑来说由于单层建筑高度有限，可以采用设置通风井的方式来实现热压通风。

在用通风井热压通风中，当气流通道收窄，流速加大，压强变小，形成负压，能进一步产生抽风作用，这被称为文丘里效应。出风口可以通过设置风帽或风塔来形成文丘里效应，带动室内气流排出室外。风帽大致有两种类型：一种是倒漏斗形，通过风道截面收窄增加风速，进而降低风压，形成抽风；另一种是在出风口覆盖盖板，室外水平气流经过此处时被收窄加速，形成负压，进而形成抽风。

在热压通风时，可利用气候特色布置功能空间，将公共讨论区、流线区或室内绿植布置在缓冲区，在过渡季提供舒适的公共环境，在冬夏两季最大限度减缓热交换。

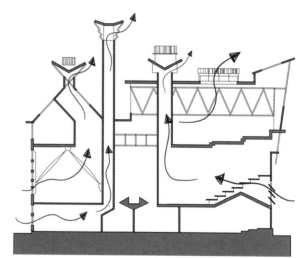

某教学楼热压通风示意

热压通风常见空间形式

楼梯间热压通风 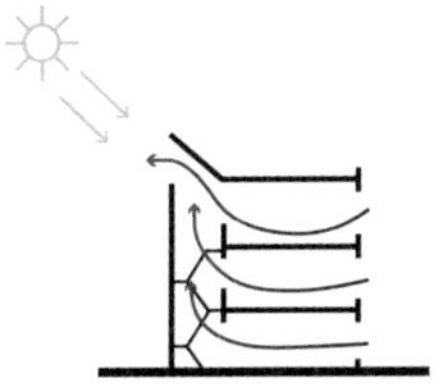	边庭热压通风 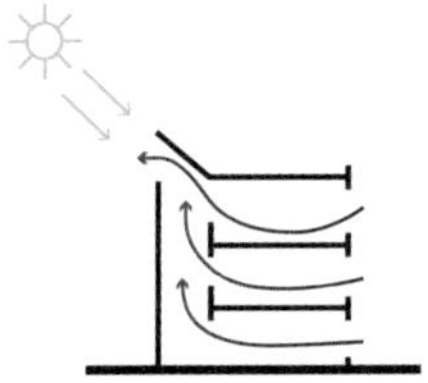	中庭热压通风 	井道热压通风 

关键措施与指标

（1）适用季节：本地区春秋两季宜通过热压通风减少室内空调能耗。

（2）室内外温差控制热压通风：室内外温差越大热压通风作用越明显，室内空间的通风换气次数越多；室内外空间贯通，加强气流的循环，热压通风作用越明显。

（3）建筑高度控制热压通风：室内空间越高敞，热压通风作用越明显。热压通风对于其烟囱高度一半的空间能够形成良好的通风效果，对于其高度一半以上的建筑空间通风效果则不明显。若要提升其热压通风的高度，可以通过改变其中线面的方式来实现。

相关规范与研究

施晓梅. 夏热冬冷地区基于腔体热缓冲效应的办公空间优化策略研究[D]. 南京：东南大学，2018.

参考第三章"嵌入式腔体的热缓冲研究分析"中嵌入式腔体空间之风井空间概念及设计要点。

Building

典型案例 **新开发银行总部大楼**

（华东建筑设计研究院有限公司设计作品）

　　新开发银行总部大楼项目位于上海。建筑高区办公部分设置8层通高中庭，结合走廊与电梯等候厅塑造高区富有活力的空间氛围，同时形成热压通风效应，在过渡季尤其是夏季，能够为公共活动空间提供舒适，干湿程度适宜风环境，节省了空调能耗。

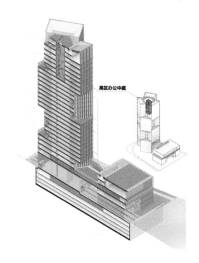

高区办公中庭

高区办公中庭示意

B2-2-2_2 控制空间开敞调节微气候

　　控制空间开敞，调节微气候波动。控制空间外墙上洞口疏密、位置、朝向或内部空间隔断多少、隔断通透率等参数来调节室内气流流动。夏季促进室内通风，减少空调能耗。

　　通常在没有特殊情况下应首选南北向开窗，其次才选择东西向开窗，东西向开窗夏季遮阳的难度较大，阻挡西晒困难，应尽量避免。

　　为了室内能形成穿堂风，最好能对侧开洞，其中迎风面可尽量靠近地面，而背风面可适当提高高度。南向洞口数量及开洞面积可根据夏季风向布置，便于夏季形成穿堂风，北向洞口数量及开洞面积应显著较少，阻挡冬季寒风带走空间内热量（见B4"界面"中详述）。

各气候区控制洞口大小示意

严寒地区	寒冷地区	夏热冬冷地区	夏热冬暖地区

控制隔墙布置调节室内气流

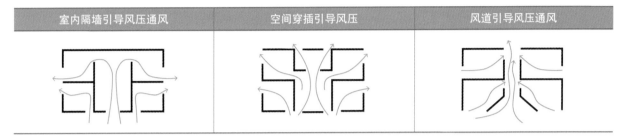

室内隔墙引导风压通风	空间穿插引导风压	风道引导风压通风

关键措施与指标

（1）建筑布局：宜通过开敞空间隔墙布置调节微气候，增强夏季通风。

（2）平面开口：合理布置建筑开口以形成内部穿堂风，穿堂风方向上尽量少布置隔墙，北部宜减少开口，规避冬季冷风渗透。

相关规范与研究

韩冬青，顾震弘，吴国栋. 以空间形态为核心的公共建筑气候适应性设计方法研究[J]. 建筑学报，2019（4）：78-84.

在6.2"室内分隔作为内部性能优化的介质"章节中，提到"公共建筑的室内分隔设计不应简单地理解为装修设计，而是要作为气候适应性设计和能量管理的有机组成。在把握其分区和阻隔功能的同时，充分发掘其导风导光的可能潜力"。

Building

[目的]

"质"一方面是指空间视觉、触觉、开放或者封闭、易通达或不易通达等物理品质，另一方面包含两种彼此关联的绿色品质：空间性能品质及能耗品质，其与气候适应性直接关联。明确本气候区，特定功能属性下的空间物理品质与性能品质的需求，才能通过"量、形"的途径与手法进行实施。

[设计控制]

在满足功能属性的前提下，量的配置与形的设计都是为了"质"的实现。同类建筑因"质"与"性"的标准差异，在设计中应采取不同的气候适应措施。

（1）设计前期要明确空间的性能品质需求，除特殊功能高性能空间外，普通性能空间在本气候区性能品质需求为：冬季隔热保温、夏季通风遮阳。

（2）对于物理品质需求，除特殊功能需求外，应从视觉及触觉保证空间使用舒适，空间通达，流线高效集约；从地域气候特色看，根据空间性能品质需求，空间可具有一定的开放性，充分利用气候特色，降低能耗，提升品质。

[设计要点]

B2-2-3_1 控制空间开放性

合理设置开放空间，控制空间开放度，规避气候不良影响，有助于降低能耗、提升建筑品质、营造丰富使用空间。开放空间的设置对于最大化利用自然采光、增强自然通风、增进相互沟通均有显著优势。也应充分考虑开放空间在冬季带来的制暖效率低、能耗大及人体舒适度低等负面因素。

空间的舒适度定义离不开空间功能属性、使用人群及使用方式。空间开放性的控制首先应明确这些基本要素，基于此结合空间布局、场地及气候要素进一步对空间开放程度、开放形式进行设计与控制。

（1）公共空间适宜布置为开放空间，公共空间单次使用时间较短，对舒适度相对宽容；同时作为过渡型空间，提高了周边普通性能空间能效；此类空间可采用可变表皮或可变体形系数等措施在过渡季减少能耗。有些公共空间使用频率相对较低，可设置为融入型开放空间，与室外环境进一步融合，提供季节性的使用舒适度，保证春秋两季公共空间的舒适使用。

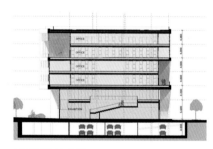

过渡型公共空间

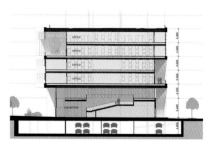

融入型公共空间

Building

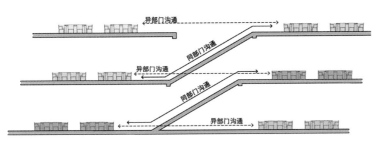

高效的开放式办公布局

开放性办公空间示意

（2）办公空间占比较多且进深较大时，可设置为开放性办公空间，有助于提高自然采光和通风，同时增强部门间沟通，增强空间灵活性。

（3）地下或半地下空间若为停车或设备间等低能耗空间，可通过天窗、下沉庭院等形式形成融入型开放空间，减少照明与通风能耗。地下或半地下的功能空间，如餐饮、办公空间等，可通过紧邻下沉广场布置形成选择性开放空间，在冬夏两季降低开放性，减少照明能耗；过渡季增强开放性，减少照明与通风能耗，同时营造丰富的室内外使用空间。关于地下空间自然通风、采光的相关设计，详见B3-1-1_5"增强地下空间通风采光"。

（4）根据空间使用行为，可以利用气候特色布置功能空间，将季节性公共讨论区、交通区或室内绿植区与融入型室外空间结合布置设置为开放空间，过渡季提供舒适公共环境，冬夏两季最大限度减缓热交换。根据人流分析，宜在人流密集处设置尺度适宜的步行楼梯，鼓励使用者使用步梯解决竖向交通。

（5）场地周边如有优质自然资源（如湖泊、人文景观灯）或舒适室外微气候（如舒适室外风、光环境等），开放空间可紧邻布置，将外部优质环境引入室内。

典型案例　**武进维绿大厦**

（上海建科建筑设计院有限公司设计作品）

项目设置地下空间通过采光天井、天窗等进行自然采光，为整个地下空间提供充足的自然光，改善地下的采光效果。

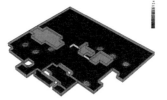

地下空间采光分析

效果示意

Building

[目的]

应对自然气候变化以及人的活动变化，空间也应具有相对应的兼容拓展策略。采用弹性空间设计理念，提高空间适用性与可变性，更敏锐、精细、灵活地实现建筑空间气候应对和调适，减少因空间功能变化产生的建造消耗。

[设计控制]

空间的兼容拓展从两个角度看待：因时间带来气候的变化所产生的兼容拓展；因时间带来人群使用活动的变化所产生的兼容拓展。

气候变化主要指因时间变化引起的昼夜、季节、晴雨等变化。人群使用变化主要指人群在空间中相对规律性活动变化，例如长期和短期使用；固定性和临时（间歇）性使用；周期性（上班时间—下班时间、休息日—工作日）使用等。

基于以上变量，空间功能的切换和延伸设计应具有气候适应性。

[设计要点]

B2-3-1_1 空间功能的切换

（1）季节改变带来空间舒适度改变，功能可根据季节切换。例如，低能耗空间在本气候区过渡季，通过开窗等被动手段可拥有舒适的空间体验，功能可从低能耗空间切换成临时会客空间。

在江南民居中，古时鸳鸯厅的设置也体现了这一点。夏、秋两季，北厅凉爽舒适常用作会客；春、冬两季，南厅获得直射光，北厅改变为过渡空间帮助蓄热，会客功能则置于南厅。空间功能的切换的本质：充分利用夏热冬冷地区，季节性的气候特色，通过功能切换，提供低能耗、不同功能的舒适体验。

（2）短时间内随着人群使用时间的改变，对功能进行切换，从而达到空间高效利用或能耗节约的目的。比如，福州五四北泰禾广场，应对相对复杂的商业娱乐活动的时间性特点，根据日夜功能进行分区，将电影院和24小时营业的小商店餐饮结合交通流线组织，形成相对独立紧凑的区域。比如高耗能的音乐表演空间在无演出时间时，可通过灵活分隔变为策展空间，减少空间能耗。

（3）随着时间推移，空间无法承担原有功能或原有功能凋敝或终止时，空间功能随之切换。比如老工厂改变为创意园区，花博会场馆在会展结束后变为办公等。前者需要进行重新设计改造，而后者则因设计时已经考虑到，故相对容易实现，并且节材节能。

关键措施与指标

前期介入：设计初期宜针对建筑功能改变做可行性策划，减少后期因空间功能变化产生建造消耗。

B2-3-1_2 空间功能的延伸

（1）随着外部气候变化，当"可变表皮"或"可变能耗空间"的绿色措施应用于空间表皮上时，会带来空间功能的延伸，例如结合庭院布置的公共交流的开放空间，过渡季时表皮通过"可变"完全敞开，空间能耗从原有普通性能空间转变为低能耗甚至无能耗空间时，公共交流的功能也随之延伸到室外或半室外的空间中。

（2）随着建筑空间使用，功能空间需求也会增加。在设计初期应充分判断，对于短期内可见的功能延伸应在设计中予以回应，减少后期因空间功能延伸产生的建造消耗。主要从楼梯的可生长性，包括基础预留量，预留管道空间，包括水电、通信的发展空间，楼段板承重的预先考虑，周边环境的生长预留地等。

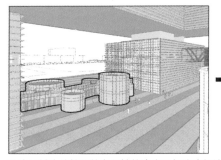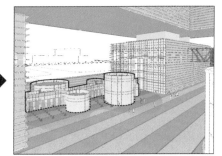

过渡季功能空间延伸至室外

图中区域为连接两栋办公楼的连廊及与连廊相连的茶室、公共讨论区。左图为冬、夏二季，空间使用区域为建筑表皮围合区域；右图为过渡季，此时建筑表皮打开，在充分融合自然通风与采光的同时，公共区域也延伸到室外空间。

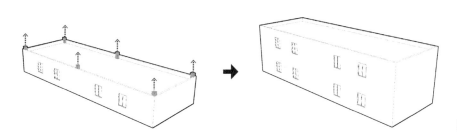

通过预留柱位满足短期内功能延伸

典型案例　**万航渡路767弄43号改造项目**

（上海建科建筑设计院有限公司设计作品）

　　万航渡路767弄43号改造项目位于上海市静安区万航渡路767弄43号地块，地处老城区内，前身为上海市毛巾二厂。随着城市发展变化，原毛巾二厂不再承担原有功能，经过改造后不突破原建筑高度和轮廓，目前作为老年福利院使用。

改造前（上海毛巾二厂）

改造后（上海市静安区老年福利院）

[目的]

根据气候特色，对空间作灵活划分设计，提高空间及功能的气候适应性。

[设计控制]

本气候区宜采用空间灵活划分设计，从而适应因季节性切换和延伸的功能变化。

[设计要点]

B2-3-2_1 空间灵活划分设计

本气候区宜采用空间灵活划分设计，从而适应因季节性切换和延伸的功能变化。

（1）设计初期功能定位时应引入灵活空间划分设计的理念，宜将过渡区根据季节切换赋予不同功能。

（2）通过灵活改变室内隔墙，达到空间灵活设计的目的，室内隔墙布置应根据季节做气候性设计，确保对夏季风的疏导作用，详见B2-2-2_2"控制空间开敞调节微气候"。

横剖面　　　　　　　　　　　　　平面

"鸳鸯厅"横剖面、平面
"鸳鸯厅"常见于江南园林。其在空间组织中将室内分为南北两部分，南面宜冬，北面宜夏。从而在季节切换时进行会客功能的切换。

设置开敞空间便于后期灵活划分
通过大空间设置，达到空间灵活划分。在过渡季，通过室内隔断放置促进自然通风。

Building

[目的]

　　根据物理环境因素与气候特点调整形体形状，避免后期绿色设计中基础条限的违背与约束。

[设计控制]

　　（1）控制形体立面平整度，调整形体各面风压，增强建筑自然通风，确保室外舒适的风环境。

　　（2）控制建筑进深，提高建筑自然通风、采光效果。

　　（3）调整建筑形体，形成自遮阳，夏季优化形体光环境。

　　（4）控制形体避让场地中高大乔木，保护现有植物资源。

　　（5）控制形体开洞及凹进增强地下空间自然通风采光。

[设计要点]

B3-1-1_1 控制形体各面合理风压

　　形体的平整度、凹凸等会影响形体各面的风压，一方面影响室内风压通风效果，另一方面影响室外风环境。设计时宜平面采用规则形状，避免过于凹凸平面；形体表皮宜平滑均质。

关键措施与指标

　　（1）场地风压控制：建筑物周围人行区距地高1.5m处风速建议小于5m/s，户外休息区、儿童娱乐区风速建议小于2m/s，且室外风速放大系数建议小于2。

　　（2）建筑立面风压控制：过渡季、夏季场地内活动区不宜出现涡旋或无风区。除迎风第一排建筑外，建筑迎风面与背风面表面风压差建议不大于5Pa；开启外窗室内外表面的风压差建议大于0.5Pa。

相关规范与研究

　　《民用建筑绿色设计规范》JGJ／T 229—2010第8.2.8条文说明中，场地内风环境有利于室外行走，活动舒适和建筑的自然通风的相关评分项。

B3-1-1_2 控制进深利于通风采光

　　通过控制形体进深影响形体自然采光与通风，本质是调节空间的平面尺度（详见B2-2-1_1"控制空间平面尺度"）。

　　（1）在没有特殊使用功能的要求下，通常采用小进深布局，可获得较好的自然通风和采光。当单侧采光空间进深不大于8m时，空间可完全依赖自然采光与通风，当进深过大，自然采光削弱，空间照明能耗增加。

（2）当建筑进深过大时，自然通风效果不是很好。可将普通性能空间形成开敞平面，靠温度不同或气压不同促使空气流动；或通过天井及通风井的布置，积极利用热压通风。注意在本气候区，穿堂风是最佳的自然通风方式。

（3）当空间进深过大时，自然采光不足，可将普通性能空间贯穿在一起形成开敞平面，采用天窗或中庭来辅助加强自然采光；中庭合理采光时，其高宽比一般控制在3∶1左右。

关键措施与指标

进深控制：普通办公空间进深经验值约为8~16m。当建筑进深小于14m时，通过在建筑两侧设置通风口等措施，能够最大强度增强穿堂风，带来风压通风最好效果。建筑进深宜小于5倍室内净高，单侧采光或通风，进深宜小于2.5倍室内净高。当建筑进深过大导致风压通风不畅时，形体设计宜考虑采用热压（设置中庭、通风井等措施）来增强自然通风。

B3-1-1_3 形体自遮阳设计

通过形体局部变化达到自遮阳效果。减少透过玻璃的直射阳光使室内过热，防止直射阳光造成的强烈眩光。设计时应通过模拟验算确保室内自然采光效果。

典型案例 上海建科莘庄综合楼

（上海建科建筑设计院有限公司设计作品）

项目位于上海闵行区莘庄工业园内。项目南部通过形体挑出形成自遮阳效果，通过模拟计算，建筑形体挑出长度在夏季有效降低建筑热辐射；冬季由于太阳高度角变化，不影响室内采光。

通过形体扭转形成自遮阳

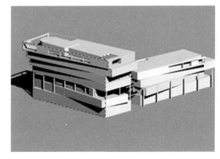

日照分析

B3-1-1_4 形体避让基地既有高大乔木

通过形体布局，设计中尽可能维持场地的原有地形地貌、高大乔木，减少对原有生态环境的破坏，尊重场域特征。

典型案例 醴陵一中新建教学楼

（上海建科建筑设计院有限公司设计作品）

项目位于湖南醴陵第一中学校园内，项目南部通过形体转折，避让场地内已有高大乔木，建筑建成即"绿"，教室被场地树木环绕。

形体转折避让基地现有乔木

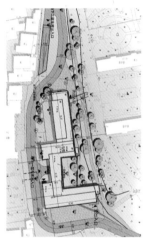

建筑形体与现状乔木示意

B3-1-1_5 增强地下空间通风采光

本地区夏季闷热，冬季湿冷，年降水量大。梅雨期容易造成地下空气的相对湿度过高，人体散热困难，使人感到不适，还容易致使霉菌生长，增加过敏性反应。设计中应采取相应措施，改善地下空间的采光、空气质量及热湿环境。

（1）宜利用高侧窗、天窗、下沉广场、地下中庭（边庭）等，实现地下空间的自然通风和采光。

（2）地下空间若为停车或设备间等低能耗空间，可完全形成融入型开放空间，减少照明与机械通风能耗。地下空间如具有具体功能，如餐饮、办公空间等，可通过紧邻下沉广场布置，冬夏两季降低开放性，减少照明能耗；过渡季增强开放性，减少照明与机械通风能耗，同时营造丰富的室内外使用空间。

（3）地下空间自然通风设计应重点关注风路设计，有效地将新风引入地下空间，并且将室内空气顺利排出。

（4）无法利用侧窗和天窗进行自然采光时，宜采用主动采光系统将自然光通过孔道、导管、光纤等传递到地下空间中。

关键措施与指标

主要措施：宜利用高侧窗、天窗、下沉广场、地下中庭（边庭）等，实现地下空间的自然通风和自然采光。

相关规范与研究

韩冬青，顾震弘，吴国栋. 以空间形态为核心的公共建筑气候适应性设计方法研究[J]. 建筑学报，2019，（4）：78-84.

参考章节"5 单一空间的气候针对性设计"中从"量–形–性–质–时"几个方面对空间进行统筹设计。

典型案例 上海建科莘庄10号楼

（上海建科建筑设计院有限公司设计作品）

项目位于上海莘庄园区，南部通过地下庭院的设置，改善了地下食堂的用餐环境，减少了照明能耗与通风能耗。通过采光井与采光导管设置，减少地下停车场照明能耗。

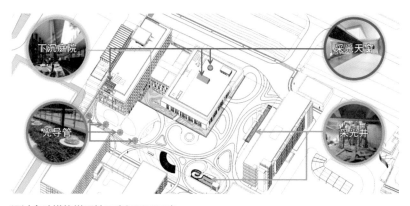

通过多种措施增强地下空间通风采光

下沉庭院示意

[目的]

通过控制建筑形体棱角的数量、大小改变建筑形体表面平滑度，影响建筑周边风环境。

[设计控制]

（1）控制建筑形体棱角的数量、形体平滑度，优化建筑风环境。

（2）通过坡屋顶应用，改善屋面防水持久度，对雨水进行回收利用。

[设计要点]

B3-1-2_1 边角圆润优化风环境

建筑形体棱角会增大建筑迎风面风压，造成建筑周围出现无风区，后侧形成涡旋。为减小甚至消除这些影响，可通过改变建筑外形缓解。随着建筑外形趋于平滑，冬季建筑迎、背风面风压差和夏季无风区及涡旋的面积减小，优化室外风环境。

典型案例 太平鸟高新区男装办公楼项目

（上海建科建筑设计院有限公司设计作品）

对不同方案进行模拟与演进，得出边角圆润形体风环境更佳。

根据软件模拟结果分析，方形建筑外立面及其棱角会增大建筑迎风面风压，造成建筑周围出现无风区，建筑后侧形成涡旋。

通过圆形方案的室外风环境模拟计算可得：冬季建筑周围人行区风速小于5.0m/s，风速较缓和，可保证人的行动无障碍，建筑迎背风面风压差较小，避免了冬季大量冷风渗透。夏季和过渡季场地内人活动区域未出现无风区，空气较为畅通，保证了室外热舒适性和空气的新鲜度。

方形方案　　　　　圆形方案

 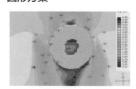

冬季1.5m平面高度处风速云图　　冬季1.5m平面高度处风速云图

夏季1.5m平面高度处风速矢量图　　夏季1.5m平面高度处风速矢量图

Building

B3-1-2_2 坡屋顶雨水收集

　　本地区降水充足，容易导致洪涝灾害，应因地制宜地采取雨水收集与利用措施，同时加强海绵城市设计。大多城市每年6、7月份梅雨季节，气候阴沉多雨、器物易霉。其中上海地区最高降雨量在8月，月平均降雨量可达到198mm；合肥和南京的降雨量峰值在7月，月平均降雨量分别为216mm，173mm；杭州降雨量峰值在6月，月平均降雨量为212mm。

　　坡屋顶的设置，能优化建筑雨季屋面排水能力，减少屋面漏雨现象发生，提高屋面防水持久性。同时利用坡屋面排水对雨水进行收集，方便雨水回用等再利用措施。

　　（1）坡度大于3%的屋面即为坡屋面，一般30%~45%坡度较为常见，相关设计应满足《坡屋面工程技术规范》GB 50693—2011相关要求。

　　（2）规范对坡屋面坡度无强制要求，但是对不同材质坡屋面排水坡度有要求，应满足《民用建筑设计统一标准》GB 50352—2019中6.14.2条相关要求。设计时应充分考虑组织排水设计。

相关规范与研究

　　（1）《民用建筑设计统一标准》GB 50352—2019第6.14.2条文说明中屋面排水坡度相关规定。

　　（2）《坡屋面工程技术规范》GB 50693—2011第6~11章中各类坡屋面的设计要求，满足规范相关规定。

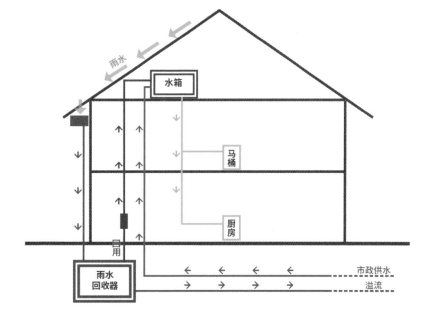

坡屋顶雨水回用系统
坡屋顶通过增加屋檐排水槽、雨水管、雨水桶等措施，组成坡屋顶雨水收集回用系统。

Building

[目的]

建筑通过体量组合，达到优化整体风环境和光环境的目的。

[设计控制]

通过控制体量的组合间距、密度、错落程度以及整体朝向设计，整体改善建筑群落采光通风条件。

[设计要点]

B3-2-1_1 形体组合优化风环境

（1）建筑体量组合应遵循"疏导夏季风、阻挡冬季风"为原则，庭院式的形体组合在本气候区能获得较好风环境（设计时可结合P2-2-2"布局朝向"内容协同设计）。

（2）体形组合在夏季主导风向上宜根据夏季主导风向分散布局，形成"风道"引导夏季风穿过场地；在冬季风主导风向上宜紧密布局，阻挡冬季来风。主要街巷、道路与夏季主导风向呈0~30°夹角。场地宽度尺寸超过100m时，内部主要街巷、道路、通风廊道也宜与夏季主导风向呈0~30°夹角，地块长边与此方向平行，能保证气流有效通过。

（3）当建筑较为密集时，可策略性地分布不同高度的建筑物，利用高度轮廓带来的气压差异引导气流。同时，区内建筑群的整体高度趋势应朝着盛行风的方向逐级降低，以促进空气流动。在片区主导风向上风位的街块应避免采用垂直于主导风向的大面宽板式建筑，建筑间口率不宜过大。

（4）当夏季主导风向上建筑物迎风面宽度超过80m时，该建筑底层的通风架空率不宜小于10%。开敞型院落式组团的开口不宜朝向冬季主导风向，外围建筑宜通风，通风面积率宜大于40%。

（5）形体组合应注意通过场地设计避免风速过高，影响室外活动区舒适度。

关键措施与指标

体量组合：建筑体量组合应遵循"疏导夏季风、阻挡冬季风"的原则进行。

相关规范与研究

《城市居住区热环境设计标准》JGJ 286—2013"4.1通风"章节中的相关规定。

B3-2-1_2 形体组合优化光环境

（1）建筑体量组合应满足每幢建筑最佳采光需求，冬季通过采光获得热辐射，夏季遮阳减少热辐射。通过建筑间组合布局，采用南低北高、合院式等布局形态，保证建筑群内每栋建筑的采光需求（设计时可结合P2-2-2"布局朝向"内容协同设计）。

（2）建筑体块之间的道路宜为狭窄的南北向街道，用于缩短建筑的东西间距以利于夏季遮阳。

（3）通过建筑间组合布局，形成遮阳。夏季减少单独建筑热辐射获得，减少室内直射阳光；结合室外活动场所布置，利用组合形成建筑阴影为室外活动场所遮阳。

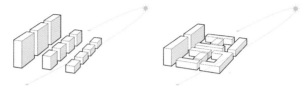

南低北高组合布局优化采光示意　　合院式组合布局优化采光示意

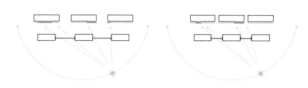

控制建筑东西间距优化夏季遮阳效果示意

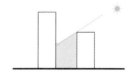 

建筑组合布局夏季形成遮阳示意　　室外活动场地与建筑组合布局夏季形成遮阳示意

关键措施与指标

建筑形体布局：宜采用南低北高、合院式等形体组合优化室外光环境。

建筑与遮阳：充分利用形体间错位布置，夏季建筑互遮阳，为室外活动场所遮阳。

相关规范与研究

（1）张宏儒，刘秉衡，库金杰，等. 江南传统民居环境设计研究[J]. 建筑学报，2010（S1）：92-97.

参考文中"3张厅"的环境设计策略中"张厅"在自然采光、天光眩光和直射光控制中的设计要点介绍。

（2）刘梓昂. 夏热冬冷地区城市形态与能源性能耦合机制及其优化研究——以东南大学四牌楼校区为例[D]. 南京：东南大学，2019.

参考文中"第二章 城市形态与能源性能耦合作用规律"中能源性能耦合状态下城市形态的分析。

典型案例 周庄"张厅"

"四水归堂"

从主院看正厅

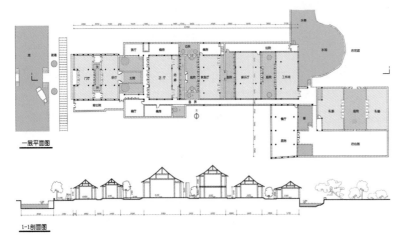

一层平面图

1-1剖面图

周庄"张厅"测绘图

苏州古镇周庄中典型传统民居"张厅"为案例，华东地区"江南民居"中基于朴素生态思想的环境设计策略。

当地典型的传统宅院通常是占满一个长方形的基地，较窄的边面对街道或者小河。建筑主要面向南向，迎接夏季的主导风，但位于南北走向的街道两边的建筑则为东西朝向。

街区或者建筑群通常由狭窄的巷子来划分。这些狭窄的巷子在夏季可以遮蔽阳光、加强空气流动，再通过开向巷子的窗为建筑提供更好的自然通风。

一座宅院通常有几个院子，沿着中轴线被划分为几个部分。院落的尺度被精确设计，以达到最佳的自然采光、眩光控制、冬季阳光利用、夏季遮阳、自然通风和视觉综合效果。这些环境效果往往通过天井的设置而得到了提升，天井是当地运用极普遍的一种建筑手法。高出窗户一段距离的屋檐出挑600～1500mm，以提供夏季遮蔽太阳辐射，同时冬季对太阳光进入室内影响很小。

Building

[目的]

通过对单一形体的体形系数、体形凹凸的设计，优化建筑能耗。形体设计具有前置性，需要在设计初期统筹多方因素开展。

[设计控制]

（1）通过单一建筑体形系数设计，调节建筑物与室外大气接触的外表面积，控制建筑能耗，提高建筑效能。

（2）充分利用气候区特色进行可变体形系数设计，灵活调整不同季节建筑能耗，精准优化建筑能效。

（3）通过形体架空设计，雨季有效放潮，减少通风能耗。

[设计要点]

B3-2-2_1 合理控制体形系数

体形系数为建筑物与室外大气接触的外表面积与其所包围的体积的比值。从降低建筑能耗的角度出发，应将体形系数控制在一个较低的水平。体形系数的确定还与建筑造型、平面布局、采光通风等条件相关。体形系数过小，将制约建筑师的创造性，可能使建筑造型呆板，平面布局困难，甚至损害建筑功能。

（1）本气候区，建筑体形系数对空调和采暖能耗的影响没有北方地区明显，但也有一定影响。设计人员应综合多方因素考虑建筑体形，建筑宜采用规整体形，避免凹凸变化，建筑层高应合理。通常在上海地区，条式建筑的体形系数不宜大于0.35，点式建筑的体形系数不宜大于0.40。

（2）在办公建筑研究中，建筑形式与其能耗有着相对应的关系。在方形、圆形、矩形、三角形的形式中，建筑均选择常规小进深，当其均拥有相同底面积、核心筒面积、建筑体积及相同的室内空调系统时，不同平面月能耗如下页表。可以看出，在保持浅进深的同时，建筑外轮廓接触面积越小，其能耗越小。

Building

关键措施与指标

（1）体形系数：设计时应选择合理的体形系数。

（2）建筑布局：根据场地环境选取适宜体量布局，本气候区体形控制原则为：考虑建筑风环境舒适性。

（3）建筑朝向：当建筑为正南北，综合考虑风、光、热环境时，东西向宽高比越小，综合性能越优，建议值在0.3～0.5间；南北向宽高比越大越好，建议大于1.3。

（4）绿色附加：在考虑体形系数、布局朝向的前提下，尊重场域文脉、结合功能特色，进行强绿色附加值的体形设计。比如：设计具有热缓冲功能的外廊与灰空间；通过倾斜建筑形体达到自遮阳效果；利用竖向"通风井"设计增强建筑热压通风。

不同建筑形式全年每月能耗对应表

形式	类型	1月	2月	3月	4月	5月	6月	7月	8月	9月	10月	11月	12月	合计
■	制冷	0.00	0.01	0.06	0.10	0.37	0.56	0.59	0.64	0.47	0.20	0.07	0.02	3.10
	采暖	0.75	0.40	0.22	0.04	0.00	0.00	0.00	0.00	0.00	0.01	0.15	0.43	2.00
	照明	0.45	0.35	0.34	0.24	0.23	0.23	0.21	0.24	0.25	0.30	0.42	0.47	3.74
	总计	1.20	0.76	0.62	0.38	0.60	0.79	0.80	0.68	0.72	0.51	0.64	0.92	8.84
▬	制冷	0.00	0.01	0.06	0.10	0.36	0.35	0.58	0.63	0.48	0.21	0.07	0.02	3.07
	采暖	0.74	0.41	0.23	0.04	0.00	0.00	0.00	0.00	0.00	0.01	0.15	0.44	2.02
	照明	0.44	0.34	0.34	0.24	0.23	0.23	0.21	0.24	0.25	0.29	0.42	0.46	3.70
	总计	1.18	0.76	0.63	0.38	0.59	0.78	0.79	0.87	0.73	0.51	0.64	0.92	8.79
▲	制冷	0.00	0.01	0.06	0.11	0.39	0.60	0.63	0.67	0.49	0.21	0.07	0.02	3.26
	采暖	0.84	0.46	0.25	0.04	0.00	0.00	0.00	0.00	0.02	0.17	0.50		3.28
	照明	0.43	0.34	0.33	0.24	0.22	0.23	0.21	0.24	0.25	0.29	0.41	0.46	3.65
	总计	1.27	0.82	0.64	0.39	0.61	0.83	0.84	0.91	0.74	0.52	0.65	0.98	9.19
●	制冷	0.00	0.01	0.05	0.10	0.36	0.55	0.58	0.62	0.46	0.20	0.07	0.02	3.03
	采暖	0.72	0.39	0.21	0.04	0.11	0.00	0.00	0.00	0.00	0.10	0.15	0.40	1.92
	照明	0.47	0.36	0.35	0.25	0.23	0.23	0.21	0.25	0.26	0.31	0.44	0.49	3.84
	总计	1.19	0.76	0.61	0.39	0.59	0.78	0.79	0.87	0.72	0.52	0.66	0.91	8.79

来源：jong-soo cho, design methology for tall building.p141

相关规范与研究

《公共建筑节能设计标准》GB 50189—2015 第3.2.1条文说明，严寒和寒冷地区公共建筑体形系数表、本气候区根据表格做参考。

B3-2-2_2 可变体形系数设计

可变体形系数设计是对建筑固有的外围护结构进行优化，不同季节，建筑自身的体形系数可进行变化的被动式设计，以达到建筑对自身耗能的有效调节、控制。

通过设置阳台、中庭、边庭或者其他功能房间把建筑凹进的部分重新填充，形成过渡空间，减小建筑的外表面积，增大建筑体积。从而实现建筑体形系数的变化。在冬夏二季，凹进的空间封闭，建筑体形系数变小，凹进空间形成热缓冲空间提高建筑能效；过渡季，凹进空间开启，建筑体形系数变大，有助于建筑热流失，减少空调能耗。

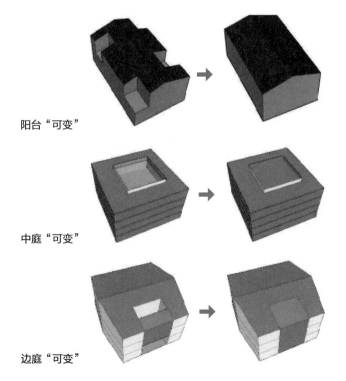

阳台"可变"

中庭"可变"

边庭"可变"

关键措施与指标

可变表皮策略：本气候区宜采用可变表皮策略进行设计。

相关规范与研究

丛勐，张宏. 夏热冬冷地区办公建筑玻璃表皮的可变节能设计初探[C]// 建筑环境科学与技术国际学术会议，2010.

参考文中通过对可变遮阳设计与可变自然采光设计策略部分的叙述，介绍了可变体形设计策略的关键控制要素。

典型案例 **梅溪湖绿色建筑展示中心**

（上海建科建筑设计院有限公司设计作品）

项目位于湖南长沙，通过可变形体界面的设计手法实现体形系数的可变性。夏季通过界面的开启增大体形系数，加快空间散热效果；冬季通过界面闭合减小体形系数，降低主要使用空间热流失。

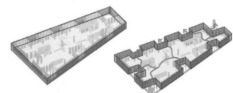

体形可变区域示意

空调季关闭　　　过渡季开启

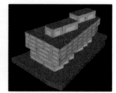

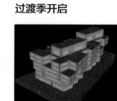

体形系数0.196　　　体形系数0.213

B3-2-2_3 架空防潮

本气候区夏季闷热、冬季湿冷，年降水量大。梅雨期容易造成地下空气的相对湿度过高。可通过底层架空，增强自然通风。

典型案例 醴陵一中图书馆

（上海建科建筑设计院有限公司设计作品）

项目位于湖南醴陵第一中学校园内，门厅的地板架空，其下为裸露的山土。让天井中的大树能接受充足的阳光、雨水和地气，门厅则天光弥漫、树影婆娑。

架起的门厅通过缝隙通风，梅雨季减缓室内潮湿，同时保护山土与场地原有树木。

剖透视架空区示意

施工现场架空区示意

B3-2-2_4 合理控制体量

形体设计时，若无特殊功能限制，应避免设计过于高大的建筑空间，造成空间浪费。当建筑空间竖向高度过高时，热气流上浮，冷气流下降，会明显影响空间空调采暖效率及舒适度。控制建筑层高不仅能够有效提高建筑能效，也有效控制经济成本（详见B2-2-1_2 "控制空间高度"）。

[目的]

　　根据气候特征，通过形体方位布局、凹凸，充分利用太阳光，增强建筑自然采光，减少照明能耗。冬季通过直射光获得太阳能增加得热量；夏季通过遮阳措施，减少热辐与直射光得热。

[设计控制]

　　本气候区主要需处理夏季辐射与冬季辐射的矛盾，将夏季辐射与冬季辐射单独分析：夏季直接辐射主要来自西向，间接辐射也很强，设计过程中需防止西晒同时提高维护结构的热工性能来隔绝夏季辐射的不良影响；冬季的间接辐射弱，直接辐射强，直接辐射主要来自南向及西南向。

　　（1）形体布局充分考虑日照影响，建筑宜南北向布置，合理组织开窗引入有利太阳辐射。建议采用遮阳设施，并结合太阳高度角进行遮阳设计分析。

　　（2）通过形体凹凸，优化自然光利用。

[设计要点]

B3-3-3_1 日照对方位的影响

　　（1）日照主要通过自然光和太阳辐射对建筑产生影响。本气候区宜采用南北向布局，南北向体形长度宜长于东西向，从而获得更多自然采光。

　　（2）建筑建筑单体设计中，可采用退层、合理降低层高等方法充分将自然光进入室内，减少照明能耗。不同功能空间日照时长应满足相关规范，须用计算机进行严格的模拟验证。

　　（3）本气候区夏季直接辐射主要来自西向，间接辐射也很强，故西向形体尽量减少开洞，减少夏季太阳热辐射，同时宜通过自遮阳或错位遮阳减少西向直射光。冬季直接辐射主要来自南向及西南向，间接辐射弱，宜在南向增加洞口数量及面积，合理引入直射光。

　　（4）设计中应通过太阳高度角计算合理采用遮阳措施，满足全年日照需求，优化建筑能效。

关键措施与指标

建筑朝向：建筑宜南北向布置，增加南部开窗，并根据具体情况，选用遮阳措施。

托儿所、幼儿园建筑日照需求：托儿所、幼儿园的幼儿活动室、寝室及具有相同功能的区域，应布置在当地最好朝向，冬至日底层满窗日照不应小于3h；活动场地应有不少于1/2的活动面积在标准的日照阴影线之外。

医院、疗养院建筑日照需求：医院、疗养院半数以上的病房和疗养室，中小学半数以上的教室应能获得冬至日不小于2h的日照标准。

相关规范与研究

（1）《民用建筑设计统一标准》GB 50352—2019第5.1.3条中对建筑日照标准的相关规定。

（2）《托儿所、幼儿园建筑设计规范》JGJ 39—2016第3.2.8条中托儿所、幼儿园日照时长规定。

B3-3-1_2 优化利用自然光

根据自然光的需求可分为抵御强自然光、引入自然光和调节自然光三类情况。根据不同自然光需求部位，通过形体设计达到利用自然光的目的。在建筑设计中，与人工照明相比，建筑师往往更加钟爱对自然光的利用，利用自然光影丰富空间，使建筑内部产生明暗变化，满足人对自然光心理以及生理上的需求。除了利用自然光增加空间感外，合理利用自然光也能有效减少能耗，节约能源。

（1）当需要抵御自然光时，可通过形体倾斜或层层退台达到自遮阳效果。

（2）当需要引入自然光时、可通过形体错动、层层退台，边庭、中庭或其他形式融入空间的使用来增强自然光引入。地下空间宜通过设置下沉庭院或天窗等手段引入自然光。

（3）当需要加强自然光时，可通过增加采光面积、建筑构造措施以及设置反光板等其他加装人工设备的方式。

建筑形体变化优化利用自然光

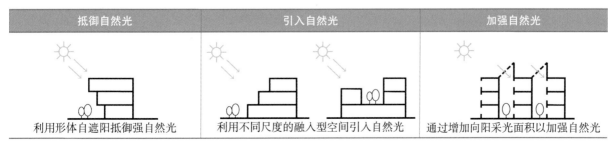

抵御自然光	引入自然光	加强自然光
利用形体自遮阳抵御强自然光	利用不同尺度的融入型空间引入自然光	通过增加向阳采光面积以加强自然光

Building

[目的]

根据气候特征，通过形体方位布局、凹凸，充分组织风环境。冬季减少冷风渗透量及冷风影响；夏季疏导季风流过形体，增强气流交换，带走室内热量。

[设计控制]

风是由空气流动引起的一种自然现象，它是由太阳辐射热引起的。本气候区属于季风区-冬夏盛行风向相反，由于南邻和东南丘陵等地形和山脉的影响，夏季静风频率高，在一些地区会出现地方性的风场。

（1）夏季风以东南向为主，形体布局宜留出东南向风道，建筑面向东南向开洞，冬季寒冷应注意防风。

（2）春秋过渡季合理组织通风，减少建筑对空调设备的需求，可通过导风墙、开敞空间、中庭等手段增强自然通风。

[设计要点]

B3-3-2_1 主导风向的影响

（1）夏季风以东南向为主，形体布局宜留出东南向风道，建筑面向东南洞口大小、数量可适宜增加，加强对夏季风疏导。

（2）夏季主导风向上形体可用前短后长、前疏后密的布局形式，冬季主导风向上封闭设计，以疏导夏季风和阻挡冬季风。

（3）在建筑呈围合和半围合形态时，主导风向上应留出风口，做到开放式布局；可采取局部断开、退层、架空等形态。冬季风向上应采取封闭性设计，减少开洞，减少冷风渗透率。

（4）当布局呈一字平直排开且建筑体形较长时（超过30m），首层宜采用部分开敞、架空或骑楼结构。

关键措施与指标

建筑朝向：建筑朝向宜迎向全年主导风向，以南偏西5°～南偏东10°最佳。

室外场地布局：合理组织室外庭院有利于自然通风。

建筑形体：采取局部架空和适当部位开设洞口有利于自然通风。

相关规范与研究

邓寄豫. 基于微气候分析的城市中心商业区空间形态研究[D]. 南京：东南大学，2018.

Building

B3-3-2_2 利于过渡季自然通风

本气候区春秋过渡季合理组织通风可减少建筑对空调设备的需求，在形体设计中通过庭院、天井、微气候营造等手段增强自然通风，减少空调能耗。

（1）通过形体围合形成的室外庭院，过渡季能够调节形体自然通风，改善微气候。综合自然通风与采光的研究情况，将结果耦合，院落长宽比宜为1.3：1 ~ 2：1，高宽比宜为1：2.5 ~ 1：1.8，实际情况应结合功能与用地指标等其他因素一同设计。

（2）庭院设计应结合场域文脉进行统一的策划，应与室内功能相结合，增强空间延展度，同时庭院生态设计应具有渗透性，为室内使用者提供舒适心理感受。

（3）增加形体夏季迎风面开洞大小与数量，增强过渡季自然通风。

（4）控制形体内部开敞程度及隔墙布局，增强过渡季通风，具体详见B2-2-2_2"控制空间开敞调节微气候"。

（5）通过开敞空间，如中庭、通风井的设置，增强过渡通风，具体详见B2-2-3_1"控制空间开放性"。

（6）通过形体构造形成"冷巷"或导风墙，增强过渡季通风。

典型案例 上海宝业中心

（浙江宝业建筑设计研究院有限公司设计作品）

项目位于上海虹桥商务区，建筑通过围合式布局创造出6个室外庭院空间，通过建筑形体与庭院的间或式布局增强过渡季室内通风，减少空调能耗。

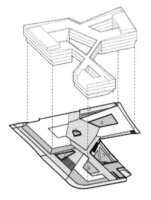

设置室外庭院增强过渡季自然通风

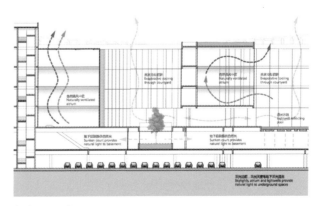

庭院通风示意

Building

[目的]

　　根据夏热冬冷地区的气候条件，分析热、光等要素，权衡建筑自然采光需求和建筑围护结构负荷，通过对围护结构透明部分的设计、围护结构材料的选取，实现对光能和热能的吸纳，在保证建筑内自然采光的同时，降低建筑制冷制热负荷，达到建筑节能的目的。

[设计控制]

　　建筑门窗洞口的设计、围护结构材料的选取对室内的光环境、热环境及建筑通风有重要影响，方案阶段应结合模拟的方法，进行方案的优化设计，充分利用自然采光和自然通风，降低建筑能耗。

　　（1）通过控制窗墙比、玻璃可见光透射比及选取适宜的增强采光方式促进对自然光的利用。

　　（2）采用蓄能型围护结构，增加围护结构的热惰性，减小室内热环境的波动。

[设计要点]

B4-1-1_1 采光

　　（1）合理设计不同朝向窗墙比

　　兼顾建筑采光、通风和节能，门窗的朝向应多南向，少北向，避免东西向，便于南向采光通风，防止西晒。窗的大小应按照南向＞北向＞东西向的原则设计。

　　门窗的开启方式、大小详见B4-1-3"传导"。

　　（2）选用合适的玻璃可见光透射比

　　应采用可见光透射比中等及以上的玻璃或者其他透光材料。窗墙面积比较大时，可见光透射比不应小于0.4，窗墙面积比较小时，不应小于0.6。

　　选择玻璃时，除了考虑可见光透射比，同时注意玻璃的遮阳系数、传热系数及可见光反射比应满足相关要求。详见B4-1-2_1"外遮阳"、B4-1-4_1"保温隔热"以及B4-1-4_3"防眩光"。

　　Low-E玻璃为本地区常用玻璃类型。

　　（3）选择适宜的增强采光方式

　　对于大进深、地下空间宜优先通过合理的建筑设计改善天然采光条件，且尽可能地避免出现无窗空间。

　　如大进深空间设置中庭、采光天井、屋顶天窗

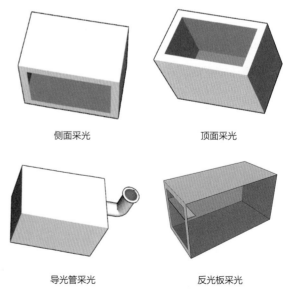

侧面采光　　　　　　　顶面采光

导光管采光　　　　　　反光板采光

不同采光方式示意图

等措施；地下空间宜采用下沉式庭院、半地下室、天窗；对于无法避免的情况，鼓励采用导光、反光设施将自然光线引入到室内。

地下空间常用的530mm导光管的采光面积可按22m²/个进行快速估算。

使用反光板时，反光板及吊顶宜选用高反射率材料。反光板宜设置在窗口内侧，窗口中上部，上部留有600～900mm进光口；反光板在窗口内侧出挑宽度宜在400～900mm。

天窗类型包括水平天窗、高侧窗、矩形天窗和锯齿形天窗，本地区适宜采用锯齿形天窗和矩形天窗。当采用矩形天窗时，南向窗应设计水平遮阳；当采用水平天窗时，必须要加强玻璃保温隔热性能并设置外遮阳设施。

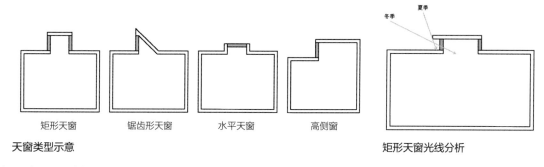

矩形天窗　锯齿形天窗　水平天窗　高侧窗

天窗类型示意　　　　　　　　　　　　　矩形天窗光线分析

长三角地区单侧采光设计时采光效果可以参考下表：

自然采光效果速查表（采光系数平均值：%）

窗地比	10m进深				12m进深			
	单一立面窗墙比	玻璃可见光透射比			单一立面窗墙比	玻璃可见光透射比		
		$\rho=0.4$	$\rho=0.5$	$\rho=0.6$		$\rho=0.4$	$\rho=0.5$	$\rho=0.6$
0.1	0.25	1.04	1.34	1.75	0.3	1.11	1.37	1.69
0.15	0.38	1.65	2.01	2.63	0.45	1.66	2.15	2.65
0.2	0.50	2.19	2.83	3.32	0.6	2.09	2.70	3.37
0.25	0.63	2.56	3.36	4.39	0.75	2.60	3.59	4.43
0.3	0.75	3.29	4.25	5.26	0.9	2.94	4.05	5.00

注：1. 以上结果基于单侧采光分析，窗墙比为单一立面的窗墙比；

2. 模拟房间地面、墙面、顶棚反射比分别设置为0.3、0.6、0.75；

3. 由于自然采光效果受周边建筑、遮阳构件及表面反射比的影响较大，在具体设计时除查上表外，应进一步通过数值模拟分析进行量化效果确认。

Building

关键措施与指标

外墙及屋顶透光部分面积比：单一立面窗墙比（包括透光墙）不宜大于0.7，单面采光时窗墙比不宜小于0.35；屋顶透光部分面积不应大于屋顶总面积的20%；

可见光透射比：单一立面窗墙比<0.4时，透光材料的可见光透射比$\rho \geqslant 0.6$；单一立面窗墙比$\geqslant 0.4$时，$\rho \geqslant 0.4$。

自然采光达标面积比：室内主要功能空间至少60%面积比例区域的采光照度值不低于采光要求的小时数平均不少于4h/d；建筑内区采光系数满足采光要求的面积比例达到60%；地下空间平均采光系数不小于0.5%的面积与地下室首层面积的比例达到10%以上。

相关规范与研究

（1）《绿色建筑评价标准》GB/T 50378—2019第 5.2.8条文说明，对于充分利用天然光的要求。

（2）《公共建筑节能设计标准》GB 50189—2015第 3.2.2 条文说明，对于窗墙比的要求，第3.2.4条文说明，对于透光率及第 3.2.7 条文说明，对于屋顶透光部分面积比例要求。

（3）《公共建筑绿色设计标准》DGJ 08—2143—2018第 6.2.6 条文说明，对于改善自然采光的措施要求。

（4）《上海市超低能耗建筑技术导则（试行）》第 4.1.4 条文说明，对于自然采光的要求。

（5）黄金美. 夏热冬冷地区不同窗墙比对公共建筑的能耗影响分析[J]. 建筑节能，2016，44（300）：56-58.
关于不同朝向窗墙比对能耗影响的研究。

（6）季亮. 绿色建筑地下空间局部采用导光管的采光计算方法[J]. 绿色建筑，2014（04）：26-29.
"直径为530mm单个导光管的采光面积可按22m²快速估算。"

（7）卓高松. 夏热冬冷地区绿色办公建筑的被动式设计策略研究[D]. 北京：清华大学，2013.
"矩形天窗是高侧窗的一种特殊形式，屋面局部升高，侧面采光。矩形天窗适合于变化的天空条件。因为有两个可开启的窗口，有利于夏季的通风散热，是最适合用于夏热冬冷地区的天窗形式。运用的时候，南向窗应设计水平遮阳，遮挡夏季的阳光，同时尽量容许冬季阳光能够直接射入室内。北向窗不用设计遮阳，同时北向窗获取漫反射光线，让室内采光更加均匀。"

典型案例 太平鸟高新区男装办公楼项目

（上海建科建筑设计院有限公司设计作品）

在建筑设计中对主要使用空间采用小进深的做法来保证自然采光，结合外遮阳构件，采取漫反射的方法，将更多的自然光引入室内。同时通过内庭院设计、天窗、大空间、每层连通、共享自然光等设计，充分运用自然光。

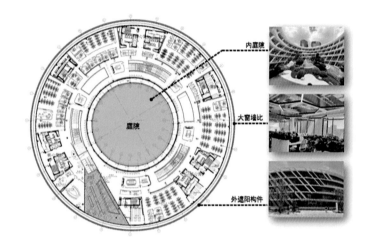

太平鸟高新区男装办公楼项目采光设计分析

上海建科莘庄10号楼

（上海建科建筑设计院有限公司设计作品）

本项目南向窗墙比为41%，采用透光比为0.4的玻璃，采光效果好。同时通过下沉庭院、采光天窗、导光管、采光井等设计，充分运用自然光。

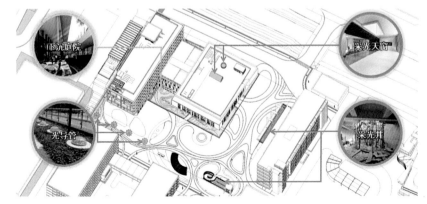

上海建科莘庄10号楼建筑采光设计分析

B4-1-1_2 蓄能

夏热冬冷地区由于昼夜温差和季节性温度变化较大适合采用储存型围护结构进行蓄能。

（1）利用重型墙体或相变材料实现储能

热惰性大的重型墙体基于其蓄冷释冷特性，夜间吸收更多冷量，白天释放冷量，增强围护结构的热稳定性。设计时可通过选用混凝土、砖墙等蓄热系数较大的材料，同时增加墙体厚度，确保墙体热惰性指标达到要求。

相变材料通过吸放热过程调节室内温度，维持室内温度稳定。相变材料在建筑围护结构中的应用主要为相变墙体、相变屋顶、相变地板及相变表面涂料。

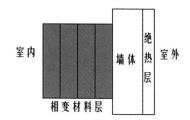

多层相变墙体结构示意

相变材料选择：室温条件下具有足够大的相变潜热；过冷度低；热循环稳定性好；不产生对人体有害的物质；价格合理等。

相变材料安装位置：外墙内表面＞外墙外表面；

布置方式：集中布置于南向外墙＞将等量的相变材料均匀布置于各朝向外墙；

布置朝向：夏季制冷工况布置于西向外墙时节能效果最显著；冬季采暖工况布置于南向外墙时全年工况布置于西向外墙时节能效果最显著。

（2）利用覆土进行夏季降温或冬季保暖

将建筑部分埋入山体或者进行覆土处理，可减少室内外热传递从而形成相对稳定的热环境。因建埋入土中，采光、通风受限，因而该技术更适用于对自然采光和通风要求相对较少的公共建筑（如博物馆、剧场等）或局部空间。

利用覆土的另一种形式为地道风技术。地道是设置在地下一定深度、用于空气流动的通道，主要采用土建砌筑或预制埋管两种方式构建。地下浅层土壤由于其常年土壤温度恒定，充分利用浅层土壤的蓄热和保温性能，通过土壤来对新风进行温度调节。夏季对新风降温，冬季对新风加热，过渡季节则直接使用新风。

土建地道轴心深度宜为2～6m，且不宜低于当地地下水位，当低于地下位时应有防水措施或采用埋管地道方式，埋管地道应能防止酸碱腐蚀，且为不燃材料。另外，土壤计算温度、地道截面面积、地道走向、长度、防水、坡度等其他设计参数的选取详见《地道风建筑降温技术规程》CECS 340：2013。

关键措施与指标

　　外墙热惰性指标：外墙热惰性指标$D \geqslant 2.5$。
　　相变温度：相变温度应处在人体舒适温度区间（25～28℃）。

相关规范与研究

　　（1）《地道风建筑降温技术规程》CECS 340：2013第3.2.6、3.2.7、3.3.1～3.3.5 条对于地道风设计的相关规定。
　　（2）王安琪，孟多，赵康，等. 相变材料在建筑围护结构及建筑设备中的节能应用[J]. 能源与接节能，2019（5）：64-68.
　　相变围护结构包括相变墙体、相变屋顶及相变地板。
　　（3）纪旭阳，金兆国，梁福鑫. 相变材料在建筑节能中的应用[J]. 功能高分子学报，2019，32（5）：541-549.
　　"相变材料应尽可能满足一些基本原则，比如：相变潜热应足够大；相变温度应处在人体舒适温度区间（25～28℃）；室温条件下具有足够大的相变潜热；过冷度低；热循环稳定性好；不产生对人体有害的物质；价格合理等。"
　　（4）孙小琴，樊思远，林逸安，等. 相变材料在夏热冬冷地区建筑围护结构中应用的性能研究[J]. 制冷与空调，2020，34（2）：191-196.
　　关于相变材料安装位置、布置方式、布置朝向的研究。
　　研究发现，从建筑性能角度考虑，相变材料安装于外墙内表面优于外墙外表面；相变材料集中布置于南向外墙比均匀布置于各朝向外墙更节能；夏季制冷工况时，集中布置于西向外墙最为节能；冬季采暖工况时，相变材料集中布置于南向外墙最为节能；全年工况时，将相变材料集中布置于西向外墙更为节能。
　　（5）张宏儒. 低成本增量校园绿色建筑探索——以湖南醴陵第一中学图书馆为例[J]. 建设科技，2013，（12）：54-56.
　　关于利用重型墙体的设计手法。
　　"冬暖夏凉的厚砖墙。百年校舍，砖墙厚重，冬暖夏凉。根据对气候的分析，本方案继承传统，利用拆除旧建筑获得的砖块加厚墙体，节省空调能耗，并大大提高室内舒适性。"

Building

典型案例 醴陵一中图书馆

（上海建科建筑设计院有限公司设计作品）

本项目利用拆除旧建筑获得的砖块加厚墙体，增加墙体热惰性，大大提高了室内舒适性。

砖块加厚墙体

醴陵一中图书馆重型墙体利用分析

太平鸟高新区男装办公楼项目

（上海建科建筑设计院有限公司设计作品）

在地下空间设置局部采光顶的前提下，将庭院中的其他部分进行覆土处理，降低建筑运行能耗。

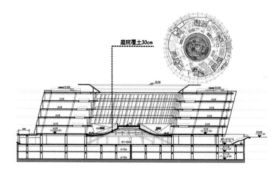

庭院覆土30cm

太平鸟高新区男装办公楼项目覆土利用分析

庭院覆土设计示意

Building

[目的]

根据夏热冬冷地区的太阳辐射及降雨特征，通过遮阳和防雨，实现对光热的调节，控制进入室内的太阳辐射的质和量，营造室内舒适环境。

[设计控制]

方案设计阶段，应结合模拟和节能设计要求对各朝向的外窗综合遮阳系数进行计算，重点对辐射得热量较高的区域进行遮阳设计分析。同时，注意对重点区域的防雨设计。

（1）通过玻璃自身遮阳、遮阳构件及垂直绿化的外遮阳方式降低夏季太阳辐射得热，同时兼顾冬季室内得热。

（2）结合建筑类型和功能，在建筑屋面、主要出入口、窗口处设计挑檐或者雨篷。

[设计要点]

B4-1-2_1 **外遮阳**

（1）玻璃自身遮阳

利用玻璃自身的遮阳性能，阻断部分阳光进入室内。设计时可选用热反射玻璃、低辐射镀膜玻璃（Low-E玻璃）等低辐射型玻璃外窗。常见的单腔双玻或双腔三玻中空玻璃，如6+16Ar+6Low-E、5+12A+5Low-E、5+12Ar+5+12Ar+5、5+12A+5+12A+5双银Low-E、6+9A+5+9A+5Low-E、4+0.12V+4+6A+5Low-E、5+15A+5+15A+5Low-E等玻璃类型太阳得热系数SHGC在0.23～0.5之间。

此外，有条件时可采用建筑光伏一体化（BIPV），在利用可再生能源的同时，可实现玻璃的遮阳效果。

（2）遮阳构件

根据建筑的自身形体和周边建筑的遮挡作用，在辐射得热量较高的区域，如天窗等处设置外遮阳。

优先考虑设置可调节外遮阳，可采用金属百叶、卷帘、中置百叶等形式。

不同朝向常见遮阳设计形式一览表

朝向	遮阳设计要点	常用遮阳形式
南向	夏热冬冷地区夏季太阳高度角大，冬季高度角小，要合理利用高度角的季节差异	水平遮阳、垂直遮阳、活动遮阳
东向	—	挡板式遮阳、垂直百叶
西向	注意防止西晒	挡板式遮阳、垂直百叶、垂直绿化
天窗	水平面接受太阳辐射量大，需要进行专门的遮阳设计，综合考虑遮阳、通风和采光的效果	LOW-E玻璃、遮阳帘、遮阳格栅

Building

153

采用固定外遮阳时，南向宜设置水平外遮阳，东向、西向宜采用挡板式。遮阳具体遮阳设置位置、形式、尺寸、间距等参数可结合数值模拟确定。本导则提供了上海地区竖向和横向遮阳效果的速查表，供设计师快速查用。

同时，遮阳构件设计选用时，还应综合考虑其对采光、通风效果的影响。

（3）垂直绿化

针对夏热冬冷地区的气候特点，墙体垂直绿化优先设置在西向外墙，其次为东向和南向。该地区的垂直绿化，宜选用落叶型植物，夏季可实现良好的遮阴作用，冬季落叶后又可使阳光照射到墙面，增加得热。植物选择见P2-3-1_2"绿化形式"。

上海地区水平遮阳效果速查表

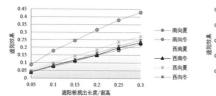
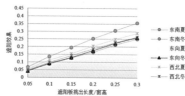

南向、东南及西南向均适宜采用横向遮阳，兼顾夏季遮阳和冬季日照，遮阳板尺寸可按照L/H（遮阳板挑出长度/窗高）在0.1～0.2选取；竖向遮阳设计时，建议根据遮阳效果在10%～30%查表确定遮阳板挑出长度与间距。

上海地区竖向遮阳效果速查表

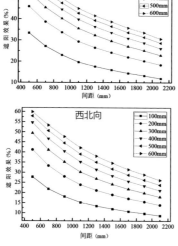
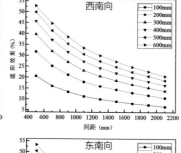
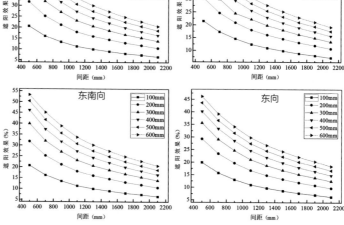

使用方法：根据设计图纸中，竖向遮阳板所属立面的朝向和外挑长度，找到相应朝向的图表中对应外挑长度的曲线，再以竖向遮阳板间距为横坐标，得到曲线相应的纵坐标，即为该朝向竖向遮阳板的遮阳效果预估值。

关键措施与指标

外窗太阳得热系数SHGC：0.24 ~ 0.4。

可调遮阳设施面积比：可调遮阳设施的面积占透明外窗比例宜≥25%。

相关规范与研究

（1）《绿色建筑评价标准》GB/T 50378—2019第 5.2.11 条对于可调遮阳比例的要求。

（2）《民用建筑热工设计规范》GB 50176—2016第 9.2.2、9.2.3 条对于建筑遮阳措施的要求。

（3）《上海市超低能耗建筑技术导则（试行）》第 4.2.10 ~ 4.2.13 条对于遮阳的要求。

（4）张丽娜，季亮，方舟，等. 长三角夏热冬冷气候下的被动式绿色设计策略及其量化效果分析[J]. 建筑技艺，2020（7）：102-105.

关于遮阳设计定性与定量分析的研究。

（5）杨建荣. 可持续的生长——上海建科院莘庄综合楼[M]. 北京：中国建筑工业出版社，2015.

关于建筑表皮的遮阳策略研究。

"由于门厅入口迎向中央绿地，为了在景观效果上体现协同呼应，项目采用了最古老而有效的遮阳策略——绿化遮阳。距离玻璃幕墙约1米间距，设置攀爬植物的附着钢架结构。在植物选择方面，特意挑选了上海地区常见的落叶型藤本植物——紫藤，同时可实现非常好的景观效果。"

"夏季，植物枝叶繁茂，藤蔓蜿蜒攀附于网架之上，可大幅度降低玻璃幕墙累计太阳辐射得热量，实现良好的隔热降温、改善建筑微环境效果。此外，在不占有土地资源的情况下增加了绿化面积，让进入综合楼的人在烈日炎炎的夏日感受到来自大自然的绿意与清爽。"

Building

典型案例　**上海建科莘庄综合楼**

（上海建科建筑设计院有限公司设计作品）

项目入口大厅攀缘植物遮阳。夏季，植物枝叶繁茂，藤蔓蜿蜒攀附于网架之上，可大幅度降低玻璃幕墙累计太阳辐射得热量，实现良好的隔热降温、改善建筑微环境效果。冬季，植物叶落，可以充分引入太阳辐射。

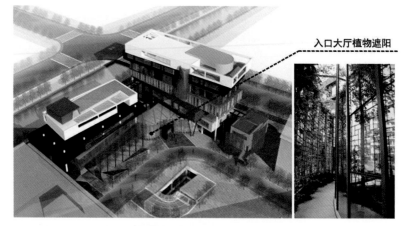

入口大厅植物遮阳

上海建科莘庄综合楼入口大厅植物遮阳分析

梅溪湖绿色建筑展示中心

（上海建科建筑设计院有限公司设计作品）

本项目除了采用了形体自遮阳——悬挑遮阳，可调遮阳——遮阳卷帘、百叶，固定遮阳——垂直遮阳木板、水平木板、窗花，以及垂直绿化多种等形式的外遮阳措施，兼具展示性与实用性。

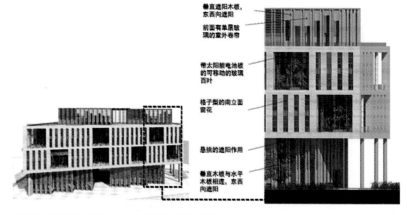

垂直遮阳木板，东西向遮阳

前面有单层玻璃的室外卷帘

带太阳能电池板的可移动的玻璃百叶

格子型的南立面窗花

悬挑的遮阳作用

垂直木板与水平木板相连，东西向遮阳

梅溪湖绿色建筑展示中心综合遮阳系统设计示意

Building

B4-1-2_2 防雨

挑檐和雨篷防雨：为了便于屋面排水，同时起到防雨保护墙面、窗户及雨天开窗通风的作用。可结合建筑类型和功能，在建筑屋面、主要出入口、窗口处设计挑檐或者雨篷，对于有防火、安全防护要求的部位可综合考虑，进行一体化设计。建筑物无障碍出入口及医院的门诊、急诊、急救、住院主要出入口上方均应设置雨篷。

挑檐是建筑物檐口处外挑的构件，一般挑出宽度不大于50cm，具有挡雨、装饰组织排水、保护外墙等作用。因南方多雨，挑檐出挑一般较大；北方少雨，挑檐出挑较小。雨篷主要分为钢筋混凝土结构雨篷和钢结构雨篷。其中，钢结构雨篷多以工厂预制为主，现场装配化程度高，主要用在建筑主入口处。

雨篷设计时应先根据建筑外立面效果及雨篷基本功能等因素确定雨篷的覆盖面尺寸，构造做法详见图集。大悬挑雨篷的设计过程中，重点需要综合考虑雨篷的自重，受到的风荷载、雪荷载以及其他复杂的、并无法预知的荷载。

相关规范与研究

（1）《综合医院建筑设计规范》GB51039—2014第5.1.22条对于雨篷设置的要求。

（2）《平屋面建筑构造》12J201关于挑檐构造做法。

（3）《钢雨篷》07J501—1关于钢雨篷构造做法。

（4）《钢筋混凝土雨篷建筑构造》03J501—2关于钢筋混凝土雨篷构造做法。

（5）沈雪，杨秋伟，李小琪. 大跨度钢结构雨篷在现代建筑工程的应用[J]. 门窗，2012（10）：14-17.

"钢结构雨篷与钢筋混凝土结构雨篷相比，具有强度高、自重轻、结构形式灵活的特点，通过合理的钢结构设计，可以使结构安全，覆盖面积较大的雨篷得以实现。"

"在施工过程中钢结构雨篷的质量容易控制，雨篷多以工厂预制为主，现场装配化程度高，维护与装拆便捷，减少了高空作业，缩短了施工工期。"

大悬挑雨篷的设计时重点需综合考虑雨篷的自重以及各种荷载的作用。

Building

典型案例 **醴陵一中新建教学楼**

（上海建科建筑设计院有限公司设计作品）

项目在教学楼通过南立面设置窗套，屋顶设置挑檐，兼顾遮阳与防雨。

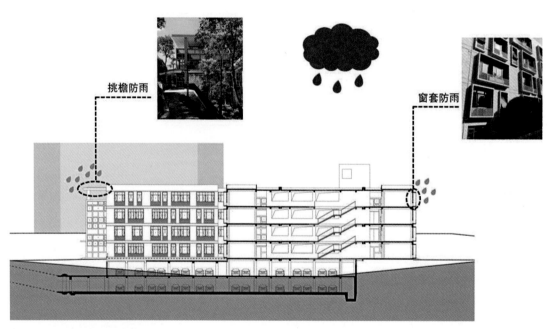

醴陵一中新建教学楼防雨设计分析

[目的]

根据夏热冬冷地区的气候条件，以通风与散热为原则，利用门窗开口设置方位、大小、形状等设计手法加强气候对室内热湿环境的正向影响。

[设计控制]

方案设计阶段，应结合CFD模拟分析，并进行自然通风的优化设计，确定门窗开口方案，充分利用风压与热压，强化室内自然通风效果。

[设计要点]

B4-1-3_1 导风

自然通风产生的动力来源于风压和热压。风压主要是指建筑室外风作用在建筑物外围护结构，造成室内外静压差；热压主要产生在室内外温度存在差异的建筑环境空间。

方案设计之初，应结合当地自然资源条件，充分利用风压与热压，优化空间布局、剖面设计和可开启窗扇设置，以有利于气流组织。

（1）立面通风。通过CFD软件分析建筑立面风压，确定开口位置、形式和大小，并进行验证性分析；开窗位置应尽量选取在建筑迎背风面压差大于1Pa的位置；开口位置、形式应有利于形成穿堂风，且减少通风死角；控制建筑进深小于14m，在建筑两侧设置通风口，保证穿堂风。

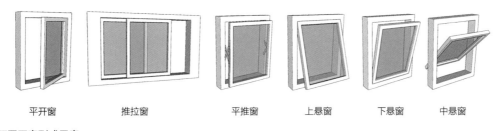

平开窗　　　　推拉窗　　　　平推窗　　　　上悬窗　　　　下悬窗　　　　中悬窗

不同开窗形式示意

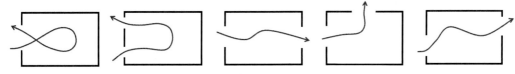

风压作用下通风路径示意

Building

　　开窗方式：应尽量减少应用推拉窗，多利用平开窗和悬窗，可增大有效通风面积，并对气流具有导向作用。

　　开口位置：平面上分为单侧通风、相邻侧通风和相对两侧通风。单侧通风时，尽量增大进风口和出风口之间的距离，避免开口靠太近导致的气流短路；相邻侧通风时，应确保气流流经室内流线较长；相对两侧通风时，可形成穿堂风，室内自然通风效果好。在建筑设计中，应尽量采用相对两侧开启，且在有效范围内尽量提高可开启面积比，加强自然通风。

　　方案设计初期窗型确定后可以根据项目所在城市主导风向、来流风速大小，参照下面两表估算建筑的开口面积。

自然通风效果速查表（换气次数：次/h）

开启窗地比	主导风向与开窗立面角度（°）				
	0	22.5	45	67.5	90
0.02	4	7	9	10	10
0.04	8	14	17	21	21
0.06	12	21	26	31	31
0.08	17	28	33	41	41
0.09	17	28	33	42	41
0.11	25	43	49	63	62

注：1. 来流风速设定为3m/s。
　　2. 以上可开启面积全部视为有效通风面积，且为对侧立面开窗工况。尽管2次/h的换气可以提供人体基本卫生需求，稀释CO_2，但研究表明部分25次/h以上换气时排除室内余热效果较好，方可在适宜季节关闭空调以降低能耗。

　　通过对同一房间安装不同类型窗的室内自然通风效果进行稳态数值模拟，给出窗的通风量修正系数。

不同窗型通风量折算系数表

	仅窗洞	平推窗（0.25m）	上悬窗（30°）	上悬窗（15°）	下悬窗（30°）	下悬窗（15°）
折算系数	1	0.38	0.72	0.41	0.69	0.33

平推型外窗

上悬型外窗

下悬型外窗

Building

（2）顶面通风：当公共建筑体量较大，仅采用立面通风难以形成有效通风时，可在建筑中引入中庭或天井，中庭或天井顶部需设置通风天窗、通风塔等通风构造，或利用楼梯间的热压通风。可结合CFD分析确定顶面开口位置、大小。

（3）庭院通风：庭院通风综合了热压通风和风压通风。通过建筑外立面和庭院周边内廊设置可开启门窗实现风压通风。另外，可在庭院内种植植物、布置水体等

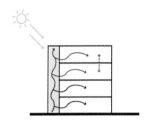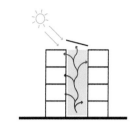

顶面通风示意

景观，利用植物蒸腾和水分蒸发带走庭院底部热量，从而降低庭院底部空气温度，增大庭院上下空气的温差。

（4）部件导风：对于不便设置可开启窗/幕墙的情形，可通过采用自然通风器、幕墙带导流格栅/穿孔铝板等导流构件及呼吸式幕墙（双层幕墙）等部件导风的方式，实现室内通风与散热。

"通风器可安装在各类门、窗、幕墙窗上，完成有组织进风、排风。关闭时具有高的隔热性能，通风时具有一定的热交换能力，并且当有要求时可在通风器上附加过滤空气、控制室内温度和湿度等功能"。适用于不便设置可开启窗/幕墙的情形。

自然通风器按安装方式和应用场景分为窗式自然通风器、幕墙式通风器、屋顶通风器三类。

幕墙带导流格栅/穿孔铝板等导流构件导流构件可起到向室内引风的作用，可结合幕墙设计使用。

呼吸式幕墙（双层幕墙）设置：采用呼吸式幕墙，夏季可以减少建筑的太阳辐射得热；冬季可以减少建筑围护结构失热。双层玻璃幕墙空腔设定为400mm左右为宜。

（5）夜间通风：夏热冬冷地区夜间气温较低，利用间歇的夜间通风带走室内余热，可以降低室内空气和建筑构件的温度，是一种值得推介的方式。采用夜间通风技术时，设计阶段应充分结合该技术，建筑、机电等专业做好实施条件的预留。

Building

关键措施与指标

（1）有效通风换气面积比：有效通风换气面积不宜小于所在房间外墙面积的10%。

（2）可开启外窗风压达标面积比：过渡季、夏季典型风速和风向条件下，50%以上可开启外窗室内外表面的风压差大于0.5Pa。

（3）自然通风换气次数：过渡季典型工况下主要功能房间平均自然通风换气次数不小于2次/h 的面积比例不低于70%。

相关规范与研究

（1）《公共建筑节能设计标准》GB 50189—2015第 3.2.8 条对于开口面积的要求。

（2）《绿色建筑评价标准》GB/T 50378—2019第 5.2.10 条关于自然通风换气次数及第 8.2.8 条关于外表面风压差的要求。

（3）《上海市超低能耗建筑技术导则（试行）》第 4.1.3 条关于自然通风设计措施的要求。

（4）张丽娜，季亮，方舟，等. 长三角夏热冬冷气候下的被动式绿色设计策略及其量化效果分析[J]. 建筑技艺，2020（7）：102-105.

文中采用CFD软件分析了不同可开启窗扇或玻璃幕墙与房间地板面积比（以下简称开启窗地比）、不同主导风向与开窗立面夹角情况下房间的换气次数，并上悬窗和平推窗的通风量折算系数，方案设计初期窗型确定后可以根据项目所在城市主导风向、来流风速大小来估算。

（5）卓高松. 夏热冬冷地区绿色办公建筑的被动式设计策略研究[D]. 北京：清华大学，2013.

关于庭院通风设计的研究。

"应尽量减少推拉窗的应用，多利用平开窗和悬窗，不单有效通风面积较大，且对气流具有导向作用。"

（6）孙柏. 交互式表皮绿色建筑设计空间调节的表皮策略研究[D]. 南京：东南大学，2018.

有关通风路径的研究。

"对于同一建筑空间，按照开启面在平面上的相对位置，可以将其大致分为：单侧通风、相邻两侧通风、相对两侧通风三种情况。"

"在单侧通风的情况下，应尽量拉开进风口和出风口之间的距离以获得较大的风压差，避免开口靠得太近而导致气流短路。"

"在相对两侧通风的情况下，由于气流通道较长、进出风口之间的风压差较大，室内可以产生有效的穿堂风，对室内风环境的影响效果最佳。"

（7）刘旭琼. 浅淡有助于建筑物实现建筑节能、绿色建筑的一种新手段——浅淡门窗（幕墙）用通风器的作用[C]//第四届国际智能、绿色建筑与建筑节能大会论文集. 北京：中国建筑工业出版社，2008.

关于通风器的特点及功能介绍。

（8）李保峰，李钢. 建筑表皮——夏热冬冷地区建筑表皮设计研究[M]. 北京：中国建筑工业出版社，2009.

"空腔是双层玻璃幕墙系统的关键要素，它提供具有气候适应潜力的空气间层和安置可调节遮阳的空间，空腔间距设定为400mm左右为宜。"

典型案例 太平鸟高新区男装办公楼项目

（上海建科建筑设计院有限公司设计作品）

　　加大外窗的可开启面积，每层幕墙都有平推窗设计，增加通风的有效面积。庭院设计及屋面设两个可开启天窗，增强竖向被动通风。

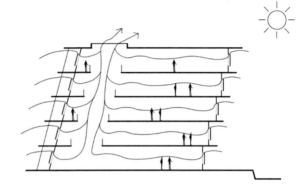

太平鸟高新区男装办公楼项目通风路径分析

上海建科莘庄生态楼

（上海建科建筑设计院有限公司设计作品）

　　项目设置有中庭，所有房间都可通过内门窗与中庭贯通气流，整个建筑室内空间的制高点位于中庭顶部，此处设有高800mm通长的电动气窗；三层设备平台上方为倾斜的通风道，在自然通风状态下可通过设在中庭顶部的电动通风气窗给整个建筑内部拔风。

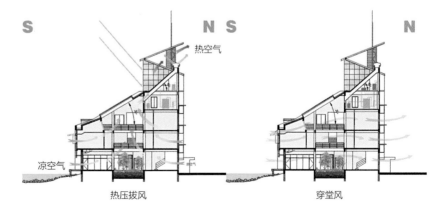

上海建科莘庄生态楼热压通风及穿堂风设计分析

Building

上海宝业中心

（浙江宝业建筑设计研究院有限公司设计作品）

项目通过采用平开窗、上悬窗及庭院通风等策略促进自然通风，改善空气品质和人员热舒适，夏季换气次数为5.44次/h，过渡季换气次数为6.00次/h。

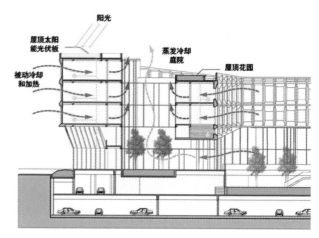

上海宝业中心自然通风策略分析

黄浦江沿岸E18-1地块商业办公项目

（华东建筑设计研究院有限公司设计作品）

项目将通风格栅隐藏于幕墙竖向线条之间，最大限度减少了开启扇对建筑立面的干扰，且竖向线条均布于建筑表皮，可使室内达到舒适、均匀的通风效果

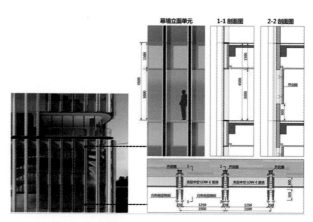

黄浦江沿岸E18-1地块商业办公项目通风单元构造分析

Building

[目的]

通过外围护结构对热量、潮气、光线的阻隔，降低建筑的冷热负荷，避免不舒适眩光的产生，达到建筑节能的目的，提升室内环境的舒适性。

[设计控制]

（1）夏热冬冷地区应综合建筑在不同季节的传热特点，保证建筑在夏季有良好隔热性能的同时，兼顾冬季的保温性能。

（2）注意梅雨季节防潮。

（3）设计时应采取措施减小幕墙造成的光污染以及室内的不舒适眩光。

[设计要点]

B4-1-4_1 保温隔热

（1）墙体保温系统常用的形式如下：

1）保温装饰复合板外墙外保温系统：保温材料及性能指标要求见下表。

保温材料及关键性能指标要求表

材料类别	指标			
	燃烧性能等级	垂直于板面的抗拉强度（MPa）	体积吸水率（%）	导热系数（W/(m·K)）
有机类保温材料	B1级	≥0.10	≤3	≤0.039
无机类保温材料	A级	≥0.12	≤10	≤0.055

2）预制混凝土夹心保温外墙系统：常用的保温材料有聚苯板和挤塑聚苯板；

3）保温板反打预制混凝土外墙保温系统：常用的保温材料有SW硅墨烯保温板。

以上几种常见保温系统构造可参照下图。

①-墙体基层；②-胶粘层；③-保温装饰层（保温装饰（保温装饰复合板或保温装饰一体板）+专用锚栓及固定卡件+墙缝材料+密封胶+排汽栓）

保温装饰板外墙外保温系统构造

①-内叶板；②-保温材料；③-外叶板；④-连接件；⑤-饰面层

预制混凝土夹心保温外墙板系统构造

①-混凝土墙体；②-保温材料；③-双层钢丝网；④-连接件；⑤-防护层；⑥-钢丝网；⑦-饰面层

预制混凝土厚层反打保温外墙板系统构造

①-混凝土墙体；②-保温板；③-双层钢丝网；④-连接件；⑤-抗裂砂浆复合耐碱玻纤网；⑥-饰面层

预制混凝土反打保温外墙板薄抹灰系统构造

常见外墙保温系统构造

Building

在进行外墙保温设计时，尤其应注意局部构造的热桥问题。外墙和屋顶中的接缝、混凝土或金属嵌入体构成的热桥部位应作适当的保温处理，并进行内表面结露验算。

（2）屋面保温隔热：常用的保温隔热形式有架空屋面、屋顶绿化、坡屋顶、反射隔热涂料等。

（3）提高门窗及幕墙性能：常用的窗框形式有铝塑复合窗框（又叫断桥铝窗框）、玻璃钢窗框、木塑复合窗框等。玻璃的常见类型有中空玻璃、热反射玻璃、低辐射镀膜玻璃（Low-E玻璃）等。在进行门窗的构造选择时，应尤其注意整窗的气密性设计。门窗周边与墙体或其他围护结构连接处应为弹性构造，采用防潮型材料堵塞，缝隙应采用密封胶密封，室外部分的洞口四周也应进行保温处理。

（4）冬季主导风向出入口设计：建筑冬季主导风向出入口设置空气闸，比如门斗或者旋转门。在出入口设置门斗时，建议同时配合安装风幕机。

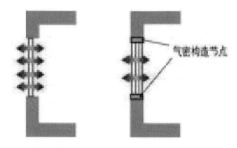

窗户气密构造节点示意

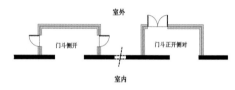

门斗设计示意

关键措施与指标

（1）围护结构的传热系数K值：

外墙：$0.35 \sim 0.80 W/(m^2 \cdot K)$；

屋面：$0.25 \sim 0.70 W/(m^2 \cdot K)$；

外窗–传热系数：$1.4 \sim 2.0 W/(m^2 \cdot K)$；

建筑入口的非透明外门：$\leqslant 2.2/(m^2 \cdot K)$；

外窗–遮阳系数：$0.25 \sim 0.40$。

（2）材料表面太阳辐射吸收系数：东西外墙、平屋面不大于0.6。

（3）门窗、幕墙气密性：

1）10层及以上建筑外窗的气密性不应低于7级；

2）10层以下建筑外窗的气密性不应低于6级；

3）建筑幕墙的气密性应符合国家标准《建筑幕墙》GB/T 21086—2007中第5.1.3条的规定，且不应低于3级。

（4）门斗进深：门斗进深不应小于1.5m，可设置在2m左右。

相关规范与研究

（1）《公共建筑节能设计标准》GB 50189—2015第3.3.1条对围护结构热工性能的要求，第3.3.5、3.3.6条对门窗、幕墙气密性的要求。

（2）《公共建筑节能设计标准》DGJ 08—107—2015第3.2.8条对于建筑入口和外门的保温隔热要求。

（3）《公共建筑绿色设计标准》DGJ 08—2143—2018第6.3.2、6.3.3条对于外墙和屋面的保温隔热设计要求。

（4）《外墙保温系统及材料应用统一技术规定（暂行）》中关于常见外墙保温系统的构造做法。

（5）周欣，燕达. 门斗及热风幕对客站冬季无组织渗风的控制效果研究[J]. 中南大学学报（自然科学版），2012，43（1）：8-14.

"将风幕与门斗结合是一种十分有效的阻挡无组织渗风的方式。在进行组合过程中，宜利用风幕对冷风进行第一层控制，再利用门斗的结构对冷风进行第二层阻隔，从而形成较优的控制效果。"

典型案例　上海建科莘庄10号楼

（上海建科建筑设计院有限公司设计作品）

项目采用玻纤增强聚氨酯门窗，K值为1.7W/（㎡·K）；局部利用空调冷凝水的墙体埋管冷却技术，充分回收利用冷凝水的冷量，夏季可降低墙体温度，减少建筑冷负荷，节能舒适。

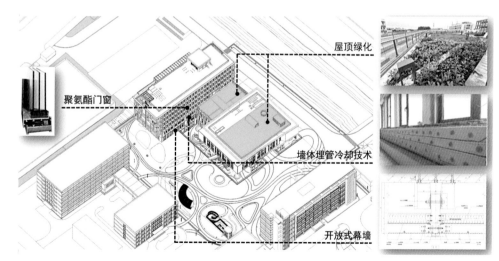

屋顶绿化

聚氨酯门窗

墙体埋管冷却技术

开放式幕墙

上海建科莘庄10号楼开放式幕墙设计分析

Building

B4-1-4_2 防潮

（1）夏热冬冷长三角地区梅雨季节存在潮湿及返潮的现象，宜对无地下室的建筑地面进行防潮设计，通过设置防潮层保障室内环境。

（2）围护结构构造设计应遵循水蒸气"进难出易"的原则。采用多层围护结构时，应将蒸汽渗透阻较大的密实材料布置在内侧，将蒸汽渗透阻较小的材料布置在外侧。

（3）外侧有密室保护层或防水层的多层围护结构经内部冷凝受潮验算而必须设置隔汽层时，应严格控制保温层的施工湿度，或采用预制板材或块状保温材料，避免湿法施工和雨天施工，并保证隔汽层的施工质量。

（4）卷材防水屋面，应设置与室外空气相通的排湿装置。

（5）在温湿度正常的房间中，内外表面有抹灰的单一墙体，保温层外侧无密实结构层或保护层的多层墙体，以及保温层外有通风间层的墙体和屋顶，一般不需设置隔汽层。

（6）外侧有卷材或其他密闭防水层，内侧为钢筋混凝土屋面板的平屋顶结构，如经内部冷凝受潮验算不需设隔汽层，则应确保屋面板及其接缝的密实性，达到所需的蒸汽渗透阻。

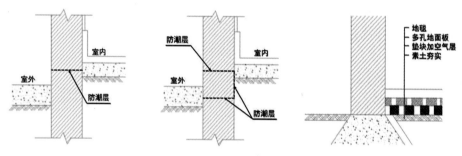

墙体防潮层设计示意   空气层防结露地板构造示意

关键措施与指标

围护结构内部水蒸气分压力：当围护结构内部某处的水蒸气分压力大于该处的饱和水蒸气分压力时，应合理设置隔汽层。

相关规范与研究

（1）中国建筑工业出版社，中国建筑学会．建筑设计资料集（第三版）第1分册　建筑总论[M]．北京：中国建筑工业出版社，2017．

关于围护结构防潮设计的原则及要点。

（2）《上海市超低能耗建筑技术导则（试行）》第4.1.6条对于防潮设计的要求。

B4-1-4_3 防眩光

（1）防止对外的光污染：玻璃幕墙有害反射光是光污染的一种形式，光污染产生的眩光会让人感到不舒服，对居住环境和公共环境造成不良影响及损害。

玻璃幕墙及铝塑板等幕墙其他材料反射比的要求应按照《玻璃幕墙光热性能》GB/T 18091—2015规定执行，并符合项目当地的相关规定。当玻璃幕墙反射光对周边建筑造成影响时，应采取形体构造优化、外遮阳等设计措施减少反射光的影响。

设计时还应注意弧形面对周边环境光和热造成的聚焦效应。

（2）控制对内的不舒适眩光：过度阳光进入室内会造成强烈的明暗对比，影响室内人员的视觉舒适度。因此在充分利用天然光资源的同时，应注意采取遮阳设施，将窗靠近墙体布置、窗结构的内表面或窗周围的内墙面宜采用浅色饰面等方法，提高室内采光均匀度，控制不舒适眩光。此外，工作人员的视觉背景不宜为窗口，工位布置时应避免电脑屏幕的光幕反射。

关键措施与指标

玻璃幕墙及幕墙其他材料可见光反射比：

（1）应采用可见光反射比不大于0.3的玻璃。

（2）在城市快速路、主干路、立交桥、高架桥两侧的建筑物20m以下及一般路段10m以下的玻璃幕墙，应采用可见光反射比不大于0.16的玻璃。

（3）在T形路口正对直线路段处设置玻璃幕墙时，应采用可见光反射比不大于0.16的玻璃。

（4）构成玻璃幕墙的金属外表面，不宜使用可见光反射比大于0.3的镜面和高光泽材料。

采光均匀度：顶部采光时，Ⅰ～Ⅳ采光等级的采光均匀度不宜小于0.7。

窗的不舒适眩光指数：窗的不舒适眩光指数不宜高于《建筑采光设计标准》GB 50033—2013表5.0.3的限值。

相关规范与研究

（1）《玻璃幕墙光热性能》GB/T 18091—2015第4.3～4.6条关于玻璃幕墙可见光反射比的要求。

（2）《建筑采光设计标准》GB 50033—2013第5.0.1条于对采光均匀度的要求，第5.0.3条对于不舒适眩光指数的要求。

（3）卓高松. 夏热冬冷地区绿色办公建筑的被动式设计策略研究[D]. 北京：清华大学，2013.

"将窗靠近墙体布置，从窗口进入的光线首先照亮附近的墙体，进而从墙体向房间内部进行漫反射。充分利用墙体对光的漫反射作用，有效减弱窗户的眩光。"

Building

典型案例 新开发银行总部大楼

（华东建筑设计研究院有限公司设计作品）

　　各建筑主要功能房间的外窗设置保证人员活动区避免或减少阳光直射，设置可控内遮阳，窗结构或窗周围内墙面采用浅色饰面，保持室内工作人员舒适的视觉环境。同时，控制外立面的幕墙玻璃可见光反射比，以避免对周围环境产生光污染。

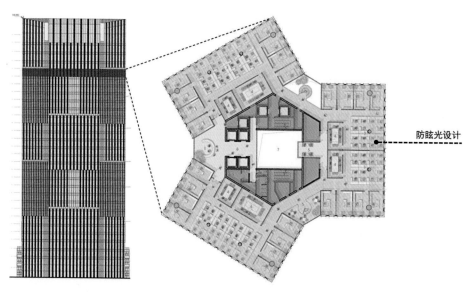

防眩光设计

新开发银行总部大楼防眩光设计分析

[目的]

通过内围护结构对热能的吸收和释放，降低建筑制冷制热负荷，达到建筑节能的目的。

[设计控制]

（1）通过无吊顶设计减少设置吊顶造成的室内热量存蓄。

（2）通过重热惰性材料或相变材料在室内围护结构中的应用，稳定房间内的气温及空调系统工况。

[设计要点]

B4-2-1_1 无吊顶设计

建筑不设吊顶，通过夜间通风方式，排出室内热量，减少设置吊顶造成的室内热量存蓄。

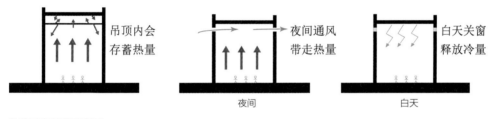

传统吊顶设计示意图　　　　　无吊顶设计示意图

相关规范与研究

（1）杨建荣. 可持续的生长——上海建科院莘庄综合楼[M]. 北京：中国建筑工业出版社，2015.

"莘庄综合楼创新地采用了钢筋混凝土空心无梁楼盖技术，摒弃了传统在办公空间设网格吊顶的做法。"

典型案例　上海建科莘庄综合楼

（上海建科建筑设计院有限公司设计作品）

莘庄综合楼创新地采用了钢筋混凝土空心无梁盖技术，摒弃了传统在办公空间设网格吊顶的做法。此设计降低了建筑层高，增大了竖向空间利用率，同时在夏季结合夜间通风方式将室内热量排出，可以减少吊顶内部的热量存蓄。

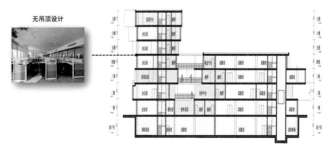

上海建科莘庄综合楼无吊顶设计分析

Building

[目的]

通过建筑内空间界面形式及材质的设计选择，实现对光线的控制和对热量的调节，保证室内不同功能空间的环境性能满足要求。

[设计控制]

（1）选择适宜的可调内遮阳方式，减少室内的太阳辐射得热量。

（2）选择不同类型的过滤型隔断，实现室内光热、视线的调控。

[设计要点]

B4-2-2_1 内遮阳

内遮阳具有调节控制光线和夏季隔热的作用，有百叶窗、拉帘、电动卷帘等多种形式。内遮阳设置方便、灵活可调、便于操作维护，可阻隔部分太阳辐射热量传入室内，同时还可避免眩光。但由于其遮挡作用不够直接，遮阳效果比外遮阳差，建议建筑固定外遮阳配合高反射率可调节内遮阳一起使用，增强遮阳效果的同时，实现遮阳措施的可调控。

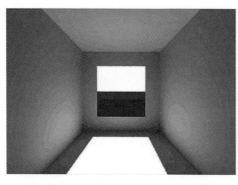 

样本房间内遮阳Radiance渲染分析

研究发现，有内遮阳卷帘工况下，窗范围的眩光源亮度明显减小，室内亮度分布较为均匀。通过室内遮阳卷帘的设置，能够明显改善室内的自然光眩光状况，减少眩光源的影响。

关键措施与指标

可调内遮阳反射比>0.6。

典型案例 **新开发银行总部大楼**

（华东建筑设计研究院有限公司设计作品）

项目室内遮阳采用半遮光遮阳帘并且结合幕墙单元进行一体化设计，窗帘导轨设置于立柱后。

窗帘导轨设置于立柱后

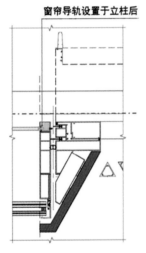

新开发银行总部大楼内遮阳设计示意　　遮阳帘效果模拟

B4-2-2_2 其他过滤型隔断

过滤型隔断适宜应用于公共聚集与私密活动兼有的建筑内。按照隔断的物理环境要素，不同类型的过滤型隔断对于风、热、声、光的隔断效果各不相同。根据人的活动与声、光传播的过滤性要求，隔断介质有不同的通透形式的设计选择。

（1）屏风。屏风最大的作用为阻挡光线与风，对于环境温度与声音无阻隔作用。

（2）不透明材质的不完全堆砌。不透明材质的不完全堆砌对空间进行了半隔离的渗透作用。这一类型不隔绝热量传播，而是隔绝了部分光线的传播。例如，竖向排列的并列木片组成隔断，空间之间的物理环境仍是连通的，然而只有在特定角度才能实现光线的通透。

（3）过滤型阻隔对于物理环境的不同标高的选择性。随着高度的不同，光线、空气质量等均有不同。在设计时，可以选择阻隔上部或下部的光线。不同的过滤方式也将影响空气的流通方向，同时不能影响空调工况下的气流组织。

（4）功能可调节型隔断材料。

有些隔断材料自身具有适应性调节功能，例如玻璃隔断采用可控制光线、调节热量的新型材料的光感、热感玻璃等。电致变玻璃是一种典型的具有适应性调节功能的隔断材料。利用传感器进行控制的电致变玻璃可以根据使用的需要选择透明、不透明两种状态，从而实现对空间的不同程度的分隔。

内置中空百叶隔断玻璃。内置中空百叶隔断玻璃比其他玻璃隔断具有更强的装饰效果，可通过百叶调节透光性，营造私密空间的同时，还可视需求调整室内的采光效果。

典型案例　上海建科莘庄10号楼

（上海建科建筑设计院有限公司设计作品）

玻璃隔断+中置百叶设置，可根据需求调节百叶，对光线进行过滤，实现完全或部分视线隔绝的功能。

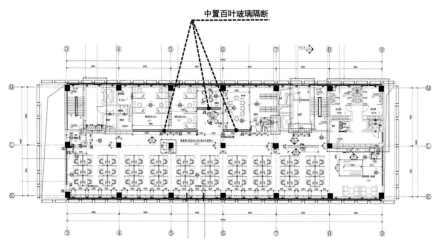

上海建科莘庄10号楼过滤型隔断设计示意

[目的]

利用内围护结构的对风光的传导作用，加强建筑内区的自然通风、自然采光效果，提升室内环境性能。

[设计控制]

（1）设计时考虑内围护结构对室内自然通风路径的引导，确保通风路径通畅。

（2）充分考虑建筑内区对于自然采光的利用，增强内区采光效果。

[设计要点]

B4-2-3_1 导风

（1）设计时应灵活处理隔墙密度，且分隔墙体应顺应夏季主导风向。

（2）通过隔墙材料的选择设计实现通风路径的引导。

1）在房间内隔墙的上、下部位做镂空隔断，或在隔墙上设置中轴旋转窗，可以加强穿堂风，调节室内气流，有利于房间较低部位的通风。

2）可移动的墙面可采用互锁的面板系统，根据使用要求进行全封闭、半封闭、全开敞以及拆卸等不同处理，实现对气流的引导作用。

（3）通过对传统封闭空间的开放塑造不同的物理环境。

将楼梯作为公共空间各层之间的连接，促进气流流通，同时融入休憩功能，取代传统的封闭楼梯间。

关键措施与指标

自然通风换气次数：过渡季典型工况下主要功能房间平均自然通风换气次数不小于2次/h的面积比例达到70%。

相关规范与研究

（1）《绿色建筑评价标准》GB/T 50378—2019第5.2.10条对于室内自然通风的要求。

（2）卓高松. 夏热冬冷地区绿色办公建筑的被动式设计策略研究[D]. 北京：清华大学，2013.

"对单侧通风的房间而言，在房间内隔墙的上、下部位做镂空隔断，或在隔墙上设置中轴旋转窗，可以加强穿堂风，调节室内气流，有利于房间较低部位的通风。"

典型案例　太平鸟高新区男装办公楼项目

（上海建科建筑设计院有限公司设计作品）

开放式楼梯设计使封闭空间变通透，兼具休憩与促进气流流通作用。

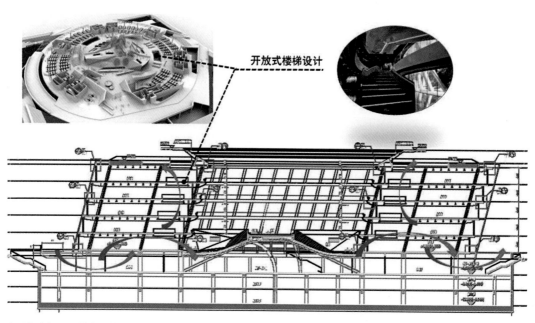

开放式楼梯设计

太平鸟高新区男装办公楼项目开放式楼梯设计分析

B4-2-3_2 导光

常规的建筑开窗方式如侧窗，随着空间进深的增加，空间工作面上的亮度逐渐减小。所以，对于进深较大的房间或建筑内部空间（如走廊），应在中庭、导光管等技术的基础上，结合内空间界面的设计，增强内区的自然采光。

常用设计手法为采用玻璃隔断和提高内界面表面反射比。在室内环境中，玻璃隔断发挥其隔绝声、热但不隔绝光的性能，既保证了单独空间的私密性，又减少人工采光，整体环境显得通透明亮；通过提高内界面表面反射比，可以增强自然光线在室内的反射作用，改善内区的采光效果。

（1）玻璃隔断提升走廊的自然采光效果

在办公类型建筑中，近年来越来越多地采用玻璃隔断分隔房间，尤其是在小型办公室、会议室等空间与走廊、公共区域的分隔处。由于办公建筑中由小房间占据了大部分直接临窗的面宽，这种分隔方式相当于延伸了靠窗面的进深，大大提升了自然光线对走廊的照明作用，降低了白天的照明能耗。同时，也有利于营造简洁明快、开放协作的办公氛围。

（2）玻璃隔断提升近中庭内部空间的自然采光效果

对于进深太大房间或者建筑内部的房间，可设置中庭或庭院。同时，将面向中庭的立面选用半透明或者全透明的玻璃隔断，增强间接采光，同时可活跃空间氛围。

（3）提高内界面表面反射比

建筑室内表面装修材料的反射比宜为：顶棚面0.7~0.9，墙面0.5~0.8，地面0.3~0.5。

关键措施与指标

（1）内界面表面反射比：顶棚面0.7~0.9，墙面0.5~0.8，地面0.3~0.5。

（2）自然采光达标面积比例：内区采光系数满足采光要求的面积比例达到60%；地下空间平均采光系数不小于0.5%的面积与地下室首层面积的比例达到10%以上；室内主要功能空间至少60%面积比例区域的采光照度值不低于采光要求的小时数平均不少于4h/d。

相关规范与研究

（1）《绿色建筑评价标准》GB/T 50378—2019第5.2.8条对于条充分利用天然光的要求。

（2）《公共建筑绿色设计标准》DGJ 08—2143—2018第6.2.6条对于装修材料反射比的要求。

"对单侧通风的房间而言，在房间内隔墙的上、下部位做镂空隔断，或在隔墙上设置中轴旋转窗，可以加强穿堂风，调节室内气流，有利于房间较低部位的通风。"

典型案例 太平鸟高新区男装办公楼项目

（上海建科建筑设计院有限公司设计作品）

　　项目设置有庭院，靠近庭院处的会议室通过采用玻璃隔断，将光线导入内部空间，增强内区的自然采光效果，同时有助于创造开放协同的办公空间。

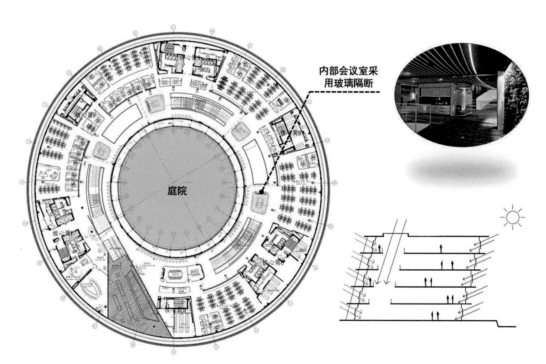

内部会议室采用玻璃隔断

庭院

核心筒

太平鸟高新区男装办公楼项目增强内区采光设计分析

[目的]

通过内空间界面的阻隔作用，实现空间的灵活可变以及空间的合理划分，并采用适当的保温隔热措施。有利于建筑节能。

[设计控制]

温度差异较大、供暖空调时段不同的空间以及非供暖空调和供暖空调房间之间，应采用内空间界面进行合理地分隔，宜采用保温隔热措施。

[设计要点]

B4-2-4_1 内空间界面的保温隔热控制

（1）有外围护结构的非供暖空调房间（包括外墙设置的不供暖空调的楼梯间机房、设备管竖井等）与供暖空调房间之间的隔墙或楼板宜有保温隔热措施。

（2）有外围护结构非供暖空调房间或空间与供暖空调房间之间的隔墙或楼板的传热系数值不宜大于 $2W/（m^2 \cdot K）$。

（3）温度要求差异较大或供暖空调时段不同的房间之间的隔墙或楼板宜有保温隔热措施。

关键措施与指标

内空间界面的传热系数。

相关规范与研究

（1）阮丹. 间歇局部采暖的居住建筑围护结构热工性能研究[D]. 西安：西安建筑科技大学，2015.

夏热冬冷地区目前这种部分时间、部分空间的采暖模式给我们提供了通过对建筑物内隔墙进行保温处理来提高室内热舒适、降低建筑物能耗的可能性。

（2）《公共建筑节能设计标准》DGJ 08—107—2015第3.3.1条，表3.3.1-1对于供暖空调房间与非供暖空调房间之间的隔墙或楼板的传热系数限值的要求。

Building

T 技术协同
Technology

　　T1技术选择。本部分介绍了结构和设备专业的绿色建筑技术要点，包括机构耐久、设备空间集约、可再生能源利用、高性能设备利用、防冻精细化设计等，有利于建筑师全面了解重点绿色技术的原理和协同需求。

　　T2施工调试。本部分介绍了建筑施工和调试阶段的绿色技术要求，包括施工期的BIM应用、绿色施工管理、建筑围护系统和设备系统调试等，有利于建筑师全面了解绿色建筑和调试过程。

　　T3运维测试与后评价。本部分介绍了运维测试阶段与后评价的技术要点，包括智能化运维管理、环境与能源监测、模拟结果与实地测试对比、建筑环境满意度调查，有利于建筑师全面了解建筑全生命周期中的运维测试及后评估过程。

[目的]

在兼顾建筑空间形体和空间界面设计基础上，合理选用具有高强度的建筑结构材料，确保建筑结构的承载力和使用功能的安全耐久，满足建筑长期使用要求。

[设计控制]

采用高强度结构材料以增强建筑安全性，减少建筑结构材料用量。

[设计要点]

T1-1_1 高性能结构材料

（1）高强度结构材料

合理选用建筑结构材料与构件：

1）混凝土结构：混凝土结构中梁、柱纵向受力普通钢筋采用不低于400MPa级的热轧带肋钢筋，混凝土竖向承重结构宜采用强度等级大于C50的混凝土。

2）钢结构：高层钢结构和大跨度钢结构宜选用Q355级以上高强钢材；螺栓连接宜采用非现场焊接节点；采用施工时免支撑的楼屋面板。

（2）高耐久结构材料

采用耐久性能好的建筑结构材料：

1）对于混凝土构件，提高钢筋保护层厚度或采用高耐久混凝土。

2）对于钢构件，采用耐候结构钢及耐候型防腐涂料。

3）对于木构件，采用防腐木材、耐久木材或耐久木制品。

关键措施与指标

（1）高强度混凝土比例：混凝土结构400MPa级及以上强度等级钢筋应用比例达到85%。

（2）高强度钢比例：钢结构Q345及以上高强钢材用量占钢材总量的比例达到50%。

（3）高耐久性混凝土：混凝土耐久性能计算指标包括抗冻融性能、抗渗性能、抗硫酸盐侵蚀性能、抗氯离子渗透性能、抗碳化性能及早期抗裂性能等。

（4）耐候结构钢：耐候结构钢是指符合现行国家标准《耐候结构钢》GB/T 4171—2018要求的钢材。

（5）耐候型防腐涂料：耐候型防腐涂料是指符合现行行业标准《建筑用钢结构防腐涂料》JG/T 224—2007的Ⅱ型面漆和长效型底漆。

（6）多高层木结构建筑木材材料：多高层木结构建筑采用的结构木材材质等级应符合现行国家标准《木结构设计标准》GB 50005—2017的有关规定。

相关规范与研究

（1）《绿色建筑评价标准》GB/T 50378—2019第7.2.15条文说明，有关建筑结构材料强度等级的要求。

（2）《绿色建筑评价标准》GB/T 50378—2019第4.2.8条文说明，有关建筑结构材料耐久性等级的要求。

Technology

[目的]

合理设计机房空间及管线空间，有利于建筑空间的有效利用，节约建筑空间资源。

[设计控制]

设备机房是专为设置暖通、空调、给排水和电气等设备和管道且供人员进入操作用的房间，应合理安排设备机房的位置，设备机房应尽量靠近负荷需求（冷、热）中心，且不影响周围房间的环境。设备机房的高度应根据设备和管线的安装检修需要确定，机房设计高度应满足设备的进出和检修时的操作高度要求。

建筑管线系统包括给排水、热力、电力、电信、燃气等多种管线及其附属设施。工程管线的合理敷设有利于环境的美观及空间的合理利用，并保证建筑区域内的人员设施及工程管线自身的安全，减少对人们日常出行和生活的干扰。

[设计要点]

T1-2_1 机房空间

设备机房面积应根据设备系统的集中和分散、冷热源设备类型等确定，并应满足设备的安装检修和日常管理的要求，设备机房面积的确定宜根据节约空间的原则，与相关专业设计人员沟通后确定。

机房位置：

（1）机房的位置应考虑有良好的自然通风或机械通风。

（2）机房不宜设在住宅或有安静要求的房间上面、下面或贴邻，避免设备产生的振动、噪声和燃烧废气对周围环境和人们生活、生产造成影响。

机房面积应根据系统的集中和分散、冷热源设备类型等确定，对于全部空气调节的建筑物，其通风、空气调节与制冷机房和热交换站的面积可按空调总建筑面积的3%～5%考虑，其中风道和管道井占空调总建筑面积1%～3%，冷冻机房面积占空调总建筑面积的0.5%～1.2%。空调总建筑面积大取最小值，总建筑面积小取较大值。机房面积还应保证设备安装有足够的间距和维修空间，并留有扩建余地。

T1-2_2 管线空间

管线布置应满足安全使用要求，并综合考虑其与建筑物、道路、环境相互关系和彼此间可能产生的影响。管线走向宜与主体建筑、道路及相邻管线平行。地下管线应从建筑物向道路方向由浅至深敷设。管线布置应力求线路短、转弯少，并减少与道路和其他管线交叉。建筑内管线布置应优化布置方案，达到空间利用的最优化。

各种管线的埋设顺序一般按照管线的埋设深度，其从上往下顺序一般为：通信电缆、热力、电力电缆、燃气管、给水管、雨水管和污水管。

建筑内管线布置应综合考虑建筑地下室、管井和吊顶等空间位置，应采用BIM技术，协同设计给排水、供暖、供冷、电力、电信、燃气等多种管线，优化布置方案。

[目的]

根据当地太阳能资源及地热资源适用条件统筹规划，充分利用可再生能源，减少化石能源消耗。

[设计控制]

（1）太阳能是通过把太阳的热辐射能转换成热能或电能进行利用的可再生能源，可分为太阳能光热利用和光伏利用两种形式，太阳能利用系统设计应纳入建筑工程设计，与建筑专业和相关专业同步设计、同步施工。

（2）地热能是指蕴藏在浅层地表层的土壤、岩石、水源中的可再生能源，建筑领域中主要的利用方式是地源热泵技术。

[设计要点]

T1-3-1 太阳能系统

（1）设计原则

1）太阳能利用系统设计应纳入建筑工程设计，与建筑专业和相关专业同步设计、同步施工。

2）太阳能热利用应考虑全年综合利用，太阳能供热采暖系统应考虑在非采暖期根据需求供应生活热水、夏季制冷空调或其他用热。

3）太阳能热利用应根据建筑物的使用功能、集热器安装位置和系统运行等因素，经技术可行性和经济性分析，综合比较确定。太阳能光伏系统应考虑发电效率、发电量和系统安全，并应考虑国家关于电能质量指标的要求，根据是否有上网需求，应充分考虑当地电网政策和经济性，确定适合项目的实施方案。

4）太阳能集热器和光伏组件等太阳能采集设备的安装应满足安全要求。利用太阳能替代化石能源可节约化石能源，减少对环境的污染。太阳能利用系统应根据当地气候区特点、太阳能资源条件、建筑物类型、功能、周围环境，充分考虑建筑的负荷特性、电网条件、系统运行方式和安装条件，进行投资规模和经济性测算，选择合适的太阳能利用系统，并应与建筑一体化，保持建筑统一和谐的外观。

（2）太阳能利用系统设计

1）安装在建筑物屋面、阳台、墙面和其他部位的太阳能集热装置和光伏组件，均应与建筑功能和造型一体化设计协调，建筑设计应根据集热装置和光伏组件的类型和安装特点，为设备的安装、使用、维护和保养提供必要的承载条件和空间。

2）太阳能集热器总面积宜通过动态模拟计算确定，采用简化算法式时，应确保计算公式中的数据来源准确可靠。

3）太阳能集热系统的设计流量应根据太阳能集热器阵列的串并联方式和每一阵列所包含的太阳能集热

Technology

器数量、面积及太阳能集热器的热性能计算确定。

4）太阳能并网光伏系统与公共电网之间应设隔离装置。光伏系统在供电负荷与并网逆变器之间和公共电网与负荷之间应设置隔离开关，隔离开关应具有明显断开点指示及断零功能。

5）太阳能利用系统可应用新型高效的技术，在有条件的情况下，经过可行性分析，可采用太阳能空调系统、太阳能热电联产技术、槽式太阳能集热技术和薄膜太阳能发电技术等。

（3）太阳能利用系统安全

1）安装在建筑上或直接构成建筑围护结构的太阳能集热装置，应有防止热水渗漏的安全保障措施。安装在建筑各部位的光伏组件，包括直接构成建筑围护结构的光伏构件，应具有带电警告标识及相应的电气安全防护设施。

2）太阳能集热器和光伏组件在建筑围护结构上安装时，应满足建筑结构设计要求，设备支架的设计应采取提高支架基座与主体结构间附着力的措施，满足风荷载、雪荷载与地震荷载作用的要求。

关键措施与指标

（1）设计负荷：太阳能集热系统设计负荷应选择其负担的采暖热负荷与生活热水供应负荷中的较大值，负担的采暖热负荷（供冷冷负荷）宜通过采暖季（供冷季）逐时负荷计算确定。

（2）日照时数：放置在建筑外围护结构上的太阳能集热器和光伏板，冬至日集热器和光伏板采光面的日照时数不应少于6h，且不得降低相邻建筑的日照标准。

（3）组件选择与安装：太阳能光伏组件的参数选择和安装形式应根据建筑设计及其电力负荷确定。

（4）最大装机容量：光伏系统最大装机容量应根据光伏组件规格及安装面积来确定。

（5）辅助热源：太阳能利用系统应有辅助热源设备或电力设备，保障在太阳辐射量不足的情况下，能够保障建筑的正常运行。

相关规范与研究

《可再生能源建筑应用工程评价标准》GB/T 50801—2013第4章、第5章有关太阳能利用系统的要求。

典型案例 **新开发银行总部大楼**
（华东建筑设计研究院有限公司设计作品）

新开发银行总部大楼屋顶设置太阳能光伏板，收集太阳能为大楼日常使用供电。利用建筑超高层的高度优势，在屋顶设置太阳能光伏板，为建筑自身提供用电。并设置太阳能热水系统，为建筑内部淋浴间供水。

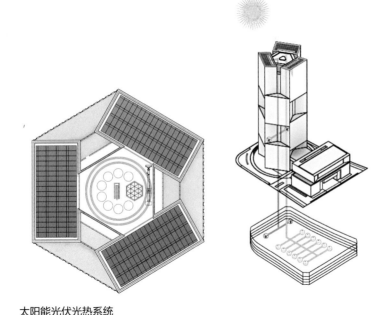

太阳能光伏光热系统

T1-3_2 地源热泵系统

（1）建筑负荷计算

地源热泵系统选择和设备选型之前，应对建筑物的冷、热负荷进行逐时精确计算，在峰值负荷的基础上，选择系统设备，且应分析全年运行工况下的逐时负荷的情况，并应有逐时模拟程序进行能耗分析，对地源侧换热器进行预估后，将地源侧与负荷侧耦合计算，进行逐时模拟，得到地源侧出水温度和逐时变化曲线，以及全年的蓄能、释能变化曲线，分析蓄能、释能是否平衡。

Technology

（2）地埋管换热系统设计

1）地埋管换热系统设计前，应根据工程勘察结果评估地埋管换热系统实施的可行性和经济性。

2）地埋管换热系统设计应进行全年动态负荷计算，最小计算周期宜为1年，计算周期内，地源热泵系统总释热量宜与其总吸热量相平衡。

3）地埋管换热器换热量应满足地源热泵系统最大吸热量或释热量的要求。

4）当应用建筑面积在5000m²以上时，应进行岩土热响应试验，并应利用岩土热响应试验记过进行地埋管换热器的设计，地埋管的埋管方式、规格和长度，应根据冷（热）负荷、占地面积、岩土层结构、岩土体热物性和机组性能等因素确定。

关键措施与指标

（1）可行性评估
（2）换热平衡计算
（3）系统换热量
（4）岩土热响应实验

相关规范与研究

《可再生能源建筑应用工程评价标准》GB/T 50801—2013第6章有关地源热泵系统的要求。

[目的]

在进行绿色建筑设计前，应充分了解项目所在区域的市政给水排水条件、水资源状况、气候特点等实际情况，通过全面的分析研究，制定水资源利用方案，充分利用雨水、中水等非传统水源，减少市政自来水供水量。

[设计控制]

（1）雨水利用系统应使场地在建设或改建后，对于常年降雨的年径流总量和外排径流峰值的控制达到建设开发前的水平，并应满足当地海绵城市规划控制指标要求。

（2）规划设计时应考虑中水设施建设的可行性，应根据当地有关部门的规定结合当地各种污、废水资源，以及当地的水资源情况和经济发展水平充分利用，配套建设中水设施。

[设计要点]

T1-4_1 雨水收集利用

雨水收集利用是将发展区内的雨水径流量控制在开发前的水平，即拦截、利用硬化面上的雨水径流增量，包括雨水入渗、收集回用和调蓄排放等。通过雨水收集利用，可减小外排雨水峰流量和总量，替代部分传统水源，补充土壤含水量。

雨水收集利用适用于雨量充沛、汇水面雨水收集效率高的地区，收集的雨水应为较洁净的雨水，可从屋面、水面和洁净地面收集得到，传染病医院的雨水、含有重金属污染和化学污染等地表污染严重的场地雨水不得采用雨水收集回收系统。

雨水回用应优先作为景观水体的补充水源，其次为绿化用水、空调循环冷却水、汽车冲洗用水、路面和地面冲洗用水、冲厕用水、消防用水等，不可用于生活饮水、游泳池补水等。

根据建设用地内对年雨水径流总量和峰值，以及当地海绵城市规划控制指标要求，结合当地气候特点及非传统水源的供应情况，合理确定雨水利用的径流总量，雨水入渗、积蓄、处理及利用的方案应根据建筑和小区的需要，经技术经济比较后确定。

关键措施与指标

回用雨水水质：回用雨水的水质应根据雨水回用用途确定，当有细菌学指标要求时，应进行消毒。绿地浇洒和水体宜采用紫外线消毒。当采用氯消毒时，宜符合下列规定：雨水处理规模不大于100m³/d时，消毒剂可采用氯片；雨水处理规模大于100m³/d时，可采用次氯酸钠或其他氯消毒剂消毒。

相关规范与研究

（1）《民用建筑节水设计标准》GB 50555—2010第5.2节有关雨水利用的要求。

（2）《建筑与小区雨水控制及利用工程技术规范》GB 50400—2016各章节关于建筑与小区雨水控制及利用的要求。

T1-4_2 中水再生利用系统

中水是各种排水经处理后，达到规定的水质标准，可在生活、市政、环境等范用内利用的非饮用水。中水利用可实现污、废水资源化，节约用水，治理污染，保护环境。

建筑中水用途主要是城市杂用水，包括冲厕、浇洒道路、绿化用水、消防、车辆冲洗、建筑施工等。中水在不同用途的水质标准应满足相关标准的规定，中水同时满足多种用途时，其水质应按最高水质标准确定。

建筑小区中水水源的选择要根据水量平衡和技术比较确定，并优先选用水量充裕、稳定、污染物浓度低、水质处理难度小，安全且居民易接受的中水水源。

中水工程设计应按系统工程考虑，做到统一规划、合理布局，相互制约和协调配合，实现建筑或建筑小区的使用功能、节水功能和环境功能的统一。建筑物中水宜采用"原水污、废分流、中水专供"的完全分流系统。

典型案例　**新开发银行总部大楼**

（华东建筑设计研究院有限公司设计作品）

利用屋顶收集雨水至蓄水池经一系列处理工序，用于满足场地所有室外绿化的浇灌、场地地面冲洗、地库冲洗用水需求，达到室外无自来水消耗，同时富于雨水回用于室内冲厕。

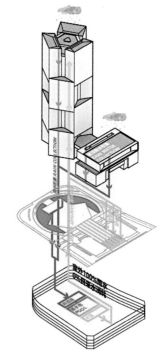

雨水收集系统

Technology

关键措施与指标

（1）城市杂用水水质标准：中水用作建筑杂用水和城市杂用水，如冲厕、道路清扫、消防、绿化、车辆冲洗、建筑施工等，其水质应符合现行国家标准《城市污水再生利用城市杂用水水质》GB/T 18920—2020的规定。

（2）景观环境用水水质标准：中水用于建筑小区景观环境用水时，其水质应符合现行国家标准《城市污水再生利用景观环境用水水质》GB/T 18921—2002的规定。

（3）采暖空调系统水质标准：中水用于供暖、空调系统补充水时，其水质应符合现行国家标准《采暖空调系统水质》GB/T 29044—2012的规定。

（4）工业用水水质标准：中水用于冷却、洗涤、锅炉补给等工业用水时，其水质应符合现行国家标准《城市污水再生利用工业用水水质》GB/T 19923—2005的规定。

（5）多用途情况水质标准：中水用于多种用途时，应按不同用途水质标准进行分质处理；当中水同时用于多种用途时，其水质应按最高水质标准确定。

相关规范与研究

（1）《民用建筑节水设计标准》GB 50555—2010第5.3节有关中水利用的要求。

（2）《建筑中水设计规范》GB 50336—2018各章节关于中水利用的要求。

典型案例　新开发银行总部大楼

（华东建筑设计研究院有限公司设计作品）

收集室内优质杂排水，与收集的雨水共同用于室内冲厕等用水，替代室内常规水源消耗的50%以上。

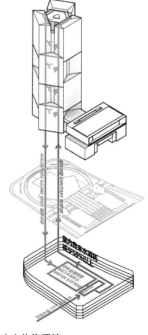

中水收集系统

[目的]

使得建筑空间内或工作区获得良好的视觉效果、合理的照度和显色性，以及适宜的亮度分布，采用天然光源或人工光源的设备，高性能的照明设备是在保证整个照明系统的效率、照明质量的前提下，减少能源的消耗，实施绿色照明工程，保护环境，节约能源。

[设计控制]

照明设计时，应首先考虑可采用天然光源的设备。在不具备天然光源的条件下，可选择人工光源，采用人工光源设备时，应根据建筑不同使用功能和照明需求，在进行经济性对比分析的前提下，选择高效节能照明设备和附件，选择合理的照明方式和控制方式，以降低照明电能消耗。

[设计要点]

T1-5_1 高性能照明设备

（1）天然光源设备：当有条件时，宜利用各种导光和反光装置将天然光引入室内进行照明，利用太阳能作为照明能源。

（2）人工光源选择：一般照明在满足照度均匀度条件下，宜选择单灯功率较大、光效较高的光源。

（3）发光二极管灯LED：在旅馆、居住建筑及其他公共建筑的走廊、楼梯间、厕所，地下车库的行车道、停车位，以及无人长时间逗留，只进行检查、巡视和短时操作等的工作的场所宜选用配用感应式自动控制的发光二极管灯。

关键措施与指标

高透性玻璃：综合考虑节能、采光和防止光污染，选用Low-E中空玻璃，在保证较好的热工性能的前提下，外表面可见光反射比不大于0.20；合理控制夜景照明灯具的眩光值和灯具上射光通比的最大值，避免对行人和行车造成眩光。参照第二代Low-E玻璃的性能参数，高透性的玻璃可满足热工要求的同时，室外可见光反射比不大于20%。

相关规范与研究

（1）《建筑采光设计标准》GB 50033—2013第7章有关采光节能的要求。

（2）《建筑照明设计标准》GB 50034—2013第6章有关照明节能的要求。

[目的]

　　施工组织设计是用来指导施工项目全过程各项活动的技术、经济和组织的综合性解决方案，是施工技术与施工项目管理有机结合的产物。通过协同施工技术可以对项目的一些重要的施工环节进行模拟和分析，以提高施工计划的可行性；同时也可以利用协同施工技术结合施工组织计划进行预演以提高复杂建筑体系（施工模板、玻璃装配、锚固等）的可建造性。借助协同施工技术对施工组织的模拟，项目管理方能够非常直观地了解整个施工安装环节的时间节点和安装工序，并清晰把握在安装过程中的难点和要点，施工方也可以进一步对原有安装方案进行优化和改善，以提高施工效率和施工方案的安全性。

　　工程建设中，在保证质量、安全等基本要求的前提下，通过科学管理和技术进步，最大限度地节约资源与减少对环境负面影响的施工活动，实现"四节一环保"（节能、节地、节水、节材和环境保护）。

[设计控制]

　　建筑施工是一个高度动态的过程，随着工程规模不断扩大，复杂程度不断提高，使得施工项目管理变得极为复杂。当前建筑工程项目管理中经常用来表示进度计划的"甘特图"，由于其专业性强，可视化程度低，无法清晰描述施工进度以及各种复杂关系，难以准确表达工程施工的动态变化过程。通过将BIM与施工进度计划相链接，将空间信息与时间信息整合在一个可视的模型中，可以直观、精确地反映整个建筑的施工过程，从而合理制定施工计划、精确掌握施工进度，优化使用施工资源以及科学地进行场地布置，对整个工程的施工进度、资源和质量进行统一管理和控制，以缩短工期、降低成本、提高质量。

　　实施绿色施工，应依据因地制宜的原则。绿色施工应是可持续发展理念在工程施工中全面应用的体现，绿色施工并不仅是指在工程施工中实施封闭施工，没有尘土飞扬，没有噪声扰民，在工地四周栽花、种草，实施定时洒水等这些内容，它涉及可持续发展的各个方面，包括环境保护、资源节约和过程管理等内容。

[设计要点]

T2-1 1 协同施工技术

　　BIM协同施工技术：

　　（1）BIM多专业协同的应用：机电专业利用BIM技术进行深化设计、预拼装，提高机电深化设计和加工、安装的质量与效率。

　　（2）BIM在施工方案可视化分析的应用：利用BIM技术对幕墙单元板块构件进行电脑预拼装，大幅提高幕墙深化设计和加工效率。

　　（3）BIM在移动终端应用：BIM组和施工现场的人员配备平板电脑，平板电脑节省图纸打印的费用，

Technology

193

在一定程度上达到了办公无纸化，方便确认设计碰撞或者现实施工条件等，在模型中还可以对现场发现的问题进行标注。

（4）BIM和3D扫描的结合应用：三维激光扫描结合BIM技术提高施工现场检测监控能力。

关键措施与指标

（1）基本功能：BIM软件应具备下列基本功能有模型输入、输出；模型浏览或漫游；模型信息处理；相应的专业应用；应用成果处理和输出；支持开放的数据交换标准。

（2）深化设计：深化设计模型包括现浇混凝土结构深化设计模型、装配式混凝土结构深化设计模型、钢结构深化设计模型、机电深化设计模型等。

（3）施工过程：施工过程模型包括施工模拟模型、预制加工模型、进度管理模型、预算与成本管理模型、质量与安全管理模型、监理模型等。其中，预制加工模型包括混凝土预制构件生产模型、钢结构构件加工模型、机电产品加工模型等。

相关规范与研究

（1）《建筑信息模型应用统一标准》GB/T 51212—2016第6章有关模型应用的要求。

（2）《建筑信息模型施工应用标准》GB/T 51235—2017第4章有关施工模型的要求，第6章有关施工模拟的要求。

[目的]

工程建设中，在保证质量、安全等基本要求的前提下，通过科学管理和技术进步，最大限度地节约资源与减少对环境负面影响的施工活动，实现四节一环保（节能、节地、节水、节材和环境保护）。

[设计控制]

实施绿色施工，应依据因地制宜的原则。绿色施工应是可持续发展理念在工程施工中全面应用的体现，绿色施工并不仅是指在工程施工中实施封闭施工，没有尘土飞扬，没有噪声扰民，在工地四周栽花、种草，实施定时洒水等这些内容，它涉及可持续发展的各个方面，包括环境保护、资源节约和过程管理等内容。

[设计要点]

T2-1_2　绿色施工管理

（1）环境保护

1）扬尘控制措施：施工现场搭设封闭式垃圾站；细散颗粒材料、易扬尘材料封闭堆放、存储和运输；施工现场出口应设冲洗池，施工场地、道路采取定期洒水抑尘措施。施工现场使用的热水锅炉等使用清洁燃料。

2）噪声控制措施：施工现场对噪声进行实时监测；施工过程使用低噪声、低振动的施工机械设备，对噪声控制要求较高的区域采取隔声措施。施工车辆进出现场，不鸣笛。

3）水污染控制措施：施工现场存放的油料和化学溶剂等物品应设专门库房，地面应做防渗漏处理；废弃的油料和化学溶剂应集中处理；易挥发、易污染的液态材料，应使用密闭容器存放；施工机械设备使用和检修时，控制油料污染；食堂、盥洗室、淋浴间的下水管线应设置过滤网，食堂应另设隔油池；施工现场隔油池和化粪池应做防渗处理，并应进行定期清运和消毒。

4）施工现场垃圾处理措施：垃圾应分类存放、按时处置；应制定建筑垃圾减量计划；对有可能造成二次污染的废弃物应单独储存，并设置醒目标识；现场清理时，应采用封闭式运输，不得将施工垃圾从窗口、洞口、阳台等处抛撒。

（2）资源节约

1）节材及材料利用措施：根据施工进度、材料使用时点、库存情况等制定材料的采购和使用计划；现场材料应堆放有序，并满足材料储存及质量保持的要求。

Technology

195

2）节水及水资源利用措施：现场应结合给水排水点位置进行管线线路和阀门预设位置的设计，并采取管网和用水器具防渗漏的措施；建立雨水、中水或其他可利用水资源的收集利用系统；按生活用水与工程用水的定额指标进行控制；施工现场喷洒路面、绿化浇灌不宜使用自来水。

3）节能及能源利用措施：合理安排施工顺序及施工区域，减少作业区机械设备数量；应制定施工能耗指标，明确节能措施；生产、生活、办公区域及主要机械设备宜分别进行耗能、耗水及排污计量，并做好相应记录；宜利用太阳能、地热能、风能等可再生能源。

4）节地及土地资源保护措施：根据工程规模及施工要求布置施工临时设施；施工临时设施不宜占用绿地、耕地以及规划红线以外场地；施工现场应避让、保护场区及周边的古树名木。

关键措施与指标

（1）目测扬尘高度：土石方作业区内扬尘目测高度应小于1.5m，结构施工、安装、装饰装修阶段目测扬尘高度应小于0.5m，不得扩散到工作区域外。

（2）施工场界环境噪声：建筑施工场界环境噪声排放限值昼间70dB（A）、夜间55dB（A）。噪声测量方法应符合现行国家标准《建筑施工场界环境噪声排放标准》GB 12523的规定。

（3）污水排放：污水排放应符合现行行业标准《污水排入城镇下水道水质标准》CJ 343的有关要求。

（4）建筑垃圾处理：建筑垃圾的回收利用应符合现行国家标准《工程施工废弃物再生利用技术规范》GB/T 50743的规定；有毒有害废弃物的分类率应达到100%；每10000m²建筑面积施工固体废弃物排放量SWc≤400t。

（5）预拌混凝土损耗率：预拌混凝土损耗率降低至1.5%。

（6）现场加工钢筋损耗率：现场加工钢筋损耗率降低至4.0%。

（7）材料包装物：建筑材料包装物回收率应达到100%。

（8）本地化材料：工程施工使用的材料宜选用距施工现场500km以内生产的建筑材料。

（9）节水器具：施工现场办公区、生活区的生活用水应采用节水器具，节水器具配置率应达到100%。

相关规范与研究

（1）《建筑工程绿色施工评价标准》GB/T 50640—2010第5~9章有关施工过程中环境保护、节材、节水、节能及节地的要求。

（2）《建筑工程绿色施工规范》GB/T 50905—2014各章节关于施工过程中节约资源、保护环境的要求。

[目的]

建筑系统调试，涵盖了建筑内部的光、热、水、电、空气质量、交通、消防安全、安保、通信等众多子系统。这些系统决定了建筑的能耗以及使用人员的舒适度。而在各类建筑的评价系统中，能耗以及人员的舒适度，占据了相当一部分的份额。建筑系统是否达到设计要求，决定着建筑最终运行能耗的多寡以及使用人员的真正的舒适程度。也是建筑能否成为真正的绿色建筑的关键。同时，物业管理团队能否接收到一个运行可靠、操作维护方便的建筑系统，调试将起到至关重要的作用。

[设计控制]

工程竣工前，由建设单位组织有关责任单位，进行建筑围护系统及机电系统的综合调试和联合试运转，结果应符合设计要求。主要内容包括制定完整的建筑围护系统和机电系统综合调试和联合试运转方案，对建筑围护系统、通风空调系统、空调水系统排水系统、热水系统、电气照明系统、动力系统的综合调试过程以及联合试运转过程。

[设计要点]

T2-2_1　建筑围护系统调试

围护结构热工性能及气密性对于室内空调冷热负荷有较大影响，是决定建筑能耗大小的重要因素，因此节能性也是我们需要重点关注的方向。围护结构的调试主要包括整体气密性及热工性能缺陷检测。

公共建筑漏风主要分以下两种情形：一是建筑围护结构存在缝隙，因密封措施不到位造成的漏风，如门窗缝隙者墙体孔洞等；二是建筑使用中央空调过程中的送排风系统风量不平衡造成的漏风。围护结构整体气密性调试，主要针对第一种情形进行诊断和评估。

关键措施与指标

（1）整体气密性调试

应先对建筑整体气密性能进行验证。宜按照下列步骤进行：

1）选择需验证的典型房间或者单元；

2）逐一对选择房间或者单元进行整体气密性进行检测，按照《建筑物气密性测定方法　风扇压力法》GB/T 34010—2017的方法进行；

3）根据检验结果，评估气密性适后的改善效果，判定其是否满足调适目标要求或者不大于1次/h。

（2）热工缺陷检测

现场检查施工质量，采用红外热像仪，依据《居住建筑节能检测标准》JGJ/T 132—2009，对外墙、屋面及地面热工缺陷进行检测分析，评估其影响程度大小。

相关规范与研究

（1）《建筑物气密性测定方法风扇压力法》GB/T 34010—2017第5章关于建筑物气密性测试方法的要求。

（2）《公共建筑节能检测标准》JGJ/T 177—2009第5、6章有于围护结构热工性能检测的要求。

（3）《居住建筑节能检测标准》JGJ/T 132—2009第5章有关外围护结构热工缺陷检测的要求。

[设计要点]

T2-2_2 机电系统调试

工程竣工前，由建设单位组织有关责任单位，进行机电系统的综合调试和联合试运转，结果应符合设计要求。主要内容包括制定完整的机电系统综合调试和联合试运转方案，对通风空调系统、空调水系统排水系统、热水系统、电器照明系统、动力系统的综合调试过程以及联合试运转过程。其中建设单位是机电系统综合调试和联合试运转的组织者，根据工程类别、承包形式，建设单位也可委托代建公司和总承包单位组织机电系统综合调试和联合试运转。

关键措施与指标

机电系统调试：空调风系统调试；空调水系统调试；给水管道系统调试；热水系统调试；电气照明及动力系统调试；综合调试和联合试运行。

相关规范与研究

（1）《通风与空调工程施工质量验收规范》GB 50243—2016第11章关于通风与空调系统调试的要求。

（2）《建筑给水排水及采暖工程施工质量验收规范》GB 50242—2002第14章关于给排水系统调试的要求。

（3）《建筑电气工程施工质量验收规范》GB 50303—2015第9章关于电气设备试验和试运行的要求。

[目的]

（1）智能化运维管理

通过智能化运维管理平台对建筑物设备进行全生命周期管理。在系统集成的基础上完成数据采集传输，通过数据中台进行数据存储、数据整合、数据管理，实现数据资产全生命周期管理。通过整合大数据和人工智能算法，帮助快速洞察人力难以企及的故障和问题，准确预测风险，化被动为主动运维。

（2）环境与能耗检测

通过环境与能耗监测，进行数据存储和分析，实现对节约资源、优化环境质量管理的功能，确保在建筑全生命期内对建筑设备运行具有辅助支撑的功能，实现绿色节能的目标。

[设计控制]

（1）智能化运维管理

需以业务需求为导向，运用顶层设计方法，确定智能化运维管理建设的战略总目标，自上向下，将总目标逐项、逐层分解，确保各条线、各层级子目标均与战略总目标保持一致，包括指标体系、运管体系、业务流程规划、信息设施的设计和信息系统响应等。

（2）环境与能耗监测

通过对室内外环境监测，对能耗进行分项计量，积累各种数据进行统计分析和研究，平衡健康、舒适和节能间的关系，从而建立科学有效节能运行模式与优化策略方案。

[设计要点]

`T3-1_1` 智能化运维管理

（1）设备管理

基于可视化模型，对建筑大楼内的所有机电设备进行集中监视和管理，直观地展示系统实时运营参数，便捷的操作系统控制参数，同时降低了操作的专业门槛，系统大部分时间按照系统内置模式自动运行，降低了运营的人力需求。

（2）能源管理

将仪表类（冷热量、水、电和燃气）的设备进行详细登记，记录表与设备设施的关联性，仪表读数所涉及运行的管理范围。读取系统中仪表读数记录，作为能耗统计的基础数据，可查看仪表详情能够浏览仪表所管辖区域的耗能设备以及仪表周期性读数记录，作为能耗分析的依据。通过算法提供能源管理优化方案。

（3）事件管理

对离散监控系统的告警消息与数据指标进行统一的接入与处理，支持告警事件的过滤、通知、响应、处置、定级、跟踪以及多维分析，实现问题事件生命周期的全局管控，以及基于事件的告警收敛、异常检测、原因分析、智能预测。

（4）维修管理

提供全面的维修计划管理，编制设施设备巡检、维修维护计划，设定任务执行人或者组织，及设定任务执行所需工具及物料、任务执行参考步骤等，准确地预测未来的维修工作需要的资源和费用，有效地跟踪巡检工作，降低维修费用，减少停机次数。支持新建应急性任务，能够根据潜在风险和资源情况制定安全维护计划，支持接收智能硬件或自控系统报警信息，将问题在模型中快速定位并模型高亮，并联动相关设备，使管理人员快速了解当前设备总体运行状况，通过设备系统之间的上下游关系快速排查故障原因，辅助制定应急计划。同时，预警信息可自动发送至移动端生成应急任务。实现工单闭环流转，实现工单创建、发送、计划、排程、任务分配、工单汇报、工单分析与查询统计功能。

（5）资产全生命周期管理

将各类设施、设备资产进行统一管理，建立基础台账信息，包括设备的名称、编码、型号/规格/材质、单价、供应商、制造厂、对应备件号、采购信息（如采购日期、采购单价、保修信息、专业、类型/类别）等。通过从采购、入库、维修、借调、领用、分配、定位、折旧、报废、盘点，实现设备资产全生命周期管理，简化、规范日常操作，对管理范围内的设备进行评级管理、可靠性管理和统计分析，提高管理的效率和质量。

（6）移动端应用

管理人员在巡检时携带平板电脑或智能手机进行巡检，读取设备对应电子标签或扫描设备对应的条码之后，平板电脑或智能手机会自动记录下电子标签的编码和读取的准确日期和时间，并自动提示该设备需做的维保工作内容。工程人员按维保工作内容进行工作并记录巡查、检测结果。如果发现设备故障工程人员就可以使用平板电脑或智能手机记录问题并拍照，然后上传至管理平台，系统自动生成内部派工单进行维修处理。

（7）日志管理

实现离散日志数据的统一采集、处理、检索、模式识别、可视化分析及智能告警，可应用于统一日志管理、基于日志的运维监控与分析、调用监控与追踪、安全审计与合规，以及各种业务分析场景。

T3-1_2 环境与能耗监测

（1）室内外环境监测

主要包括室外微气候（自动气象观测站设于屋顶及地面）、室内光环境（照度）、室内空气品质（PM10、PM2.5、CO_2、甲醛、苯、总挥发性有机物）等内容的监测。

（2）能耗监测

对分项能耗数据如电量、水量、冷热量、燃气量等采集、储存，作为能耗统计的基础数据。

（3）联动控制

根据室内外环境参数制定节能措施、控制机电设备运行。对建筑物各功能空间实际需要进行系统优化调控及系统配置适时地整改，使各建筑设备系统高能效运行及对建筑物业管理合理科学。在保证建筑物热环境、室内空气品质满足室内CO_2浓度、甲醛、总挥发性有机物TVOC等污染物浓度参数度低于现行国家标准《室内空气质量标准》GB/T 18883—2002规定限值的20%前提下，控制机电系统的各执行机构和设备启停，使机电系统各设备尽可能在最高能效（效率）工况下运行，追求最大限度的节能效果。

（4）能效分析

分析各子系统占总能耗的比例，分析各能耗系统中不同设备的用能比例，分析不同季节、时间段的用能比率。对系统能量负荷平衡优化核算及运行趋势预测，从而建立科学有效节能运行模式与优化策略方案。

（5）设备能效比分析

通过对建筑总体能耗、系统能耗、设备能耗分时间尺度的建筑能耗实时数据统计与历史数据对比，全面、深入分析能耗数据统计结果，理解建筑用能分配，跟踪重点设备的用能趋势。

（6）能耗横向比较

将建筑的各种能耗指标进行横向比较，通过建筑、系统、设备之间的能耗对比分析，理解建筑不同系统的性能，发现整个建筑的节能潜力，指出节能改造的方向。

Technology

[目的]

（1）模拟结果与实地测试对比

通过对建筑物内外的各项指标的模拟结果与实地测试进行对比，更好地指导设计，提供数据支撑；软件模拟以及实地测试的内容包括建筑周边声环境、风环境和热环境以及建筑室内采光、楼板撞击声隔声性能、外遮阳技术以及室内自然通风等。

（2）建筑环境满意度调查

建筑环境满意度调查主要根据人们对室内环境舒适感受的主观判断，了解人们对室内环境的满意度，从使用者主观视角出发评价建筑室内环境质量如光、声、热环境和室内空气品质等，进而根据使用者的主观评价提出设计优化和改进措施。

[设计控制]

（1）模拟结果与实地测试对比

在设计阶段，应结合软件模拟结果，通过多方案对比，选择最佳建筑方案。例如：建筑布局中，应结合夏季主导方向，设置首层局部架空等通透空间，形成穿堂风，促进室内外自然通风，同时，尽量避免冬季主导风向；建筑立面结合建筑造型需要合理设置外遮阳，提高外窗和透明幕墙的遮阳性能，减少进入室内的太阳辐射得热；优化室内空间，合理设置进深，权衡外窗和透明幕墙的遮阳、通风和采光设计，利用自然通风减少空调开启时间，利用自然采光降低照明能耗。

（2）建筑环境满意度调查

建筑环境满意度调查主要通过调查问卷形式进行，根据建筑使用功能和受访人群合理设计建筑环境满意度调查问卷，包括调查问卷的观测变量、问卷措辞、问卷意图、问卷时长等，确保调查问卷的有效性和可靠性。

T3-2_1 模拟结果与实地测试对比

（1）室外风环境模拟分析与实地测试

通过采用Phoenics或建筑通风Vent软件对建筑周边风环境进行模拟分析；通过温度、湿度和风速等多功能测试仪器在冬季、夏季和过渡季对建筑物周边室外风环境进行实地测试等。

（2）室内风环境模拟分析与实地测试

通过采用Phoenics或Fluent软件对建筑主要功能房间室内风环境进行模拟分析，通过温度、湿度和风速等多功能测试仪器在过渡季节对主要功能房间室内风环境进行实地测试等。

（3）建筑周边声环境模拟分析与实地测试

通过采用CadnaA等软件对建筑周边环境进行声环境模拟分析，通过多功能声级计测试仪器在一到两天昼间及夜间对建筑周边声环境进行实地测试等。

（4）建筑周边热环境模拟分析与实地测试

通过采用建筑热舒适ITE等软件对建筑周边场地热环境模拟分析，通过红外热像仪等测试仪器在夏季对建筑周边热环境进行实地测试等。

（5）建筑楼板撞击声隔声性能模拟分析与实地测试

通过查阅图集、规范等得到建筑主要功能房间隔声楼板的撞击声隔声量，通过建筑声学测试系统、激光测距仪等测试仪器对建筑主要功能房间的隔声楼板进行实地测试等。

（6）建筑室内采光分析与实地测试

通过采用采光分析Dali、Ecotect等软件对建筑主要功能房间室内采光进行分析，通过照度计、亮度计等采光测试仪器对建筑主要功能房间室内采光进行实地测试等。

T3-2_2 建筑环境满意度调查

（1）声环境

声环境的客观评价指标主要包括建筑周边环境噪声，建筑围护结构隔声情况尤其是立面薄弱部位如门窗的隔声性能和密闭性，楼板的撞击声隔声性能，设备末端噪声对室内背景噪声的干扰，室内隔墙考虑粉红噪声的隔声性能，综合室内背景噪声。对受访人群访问了解室外噪声大小、室内噪声大小、其他噪声源影响如设备噪声、他人说话噪声、他人行走噪声等。

（2）热环境

人的热感觉主要与全身热平衡有关，这种平衡不仅受空气温度、平均辐射温度、风速和空气湿度等环境参数影响，还受人体活动和着装的影响，整体的热感觉可以通过预计平均热感觉指数PMV进行预测。此外热不适也是热感觉的一个重要指标，主要是由于身体不需要的局部冷却或加热产生，常见的局部热不适包括非对称辐射温度（冷或热表面）、吹风感（由空气流动而引起的身体局部冷却）、垂直空气温差、冷或热地板等。预计不满意百分率PPD可表达热不适或热不满意的信息。对受访人群访问了解其个人年龄、健康状况、衣着情况、活动量、室内吹风感受、室内空气温度感受和湿度感受等。

（3）光环境

光环境的客观评价指标主要为采光系数、眩光值、采光均匀度。对受访人群访问了解室内自然光明暗感受、均匀度感受、视线舒适感受、是否需要人工照明辅助等。

（4）室内空气质量

室内空气质量通常指用气味、颗粒物污染、化学污染、生物污染等描述的室内空气状态。客观评价指标主要包括PM10、PM2.5、CO、CO_2、TVOC、甲醛、苯、氨等，包含可挥发性有机物、无机气体、放射性污染物、病原微生物污染物、悬浮颗粒物等。主观评价主要通过对受访人群访问了解嗅觉感受、是否有异味、空气感受是否新鲜、长期停留在室内是否有身体不适感等。

参考文献

标准规范

[1]《民用建筑设计统一标准》GB 50352—2019

[2]《民用建筑绿色设计规范》JGJ/ T 229—2010

[3]《绿色建筑评价标准》DG/TJ 08—2090—2020

[4]《绿色建筑评价标准》GB/T 50378—2019

[5]《公园设计规范》GB 51192—2016

[6]《既有建筑绿色改造评价标准》GBJ/T 51141—2015

[7]《无障碍设计规范》GB 50763—2012

[8]《建筑设计防火规范（2018年版）》GB 50016—2014

[9]《老年人照料设施建筑设计标准》JGJ 450—2018

[10]《立体绿化技术规程》DG/TJ 08—75—2014

[11]《建筑与小区雨水控制及利用工程技术规范》GB 50400—2016

[12]《海绵城市建设技术标准》DG/TJ 08—2298—2019

[13]《健康建筑评价标准》T/ASC 02—2016

[14]《坡屋面工程技术规范》GB 50693—2011

[15]《城市居住区热环境设计标准》JGJ 286—2013

[16]《公共建筑节能设计标准》GB 50189—2015

[17]《托儿所、幼儿园建筑设计规范》JGJ 39—2016

[18]《民用建筑热工设计规范》GB 50176—2016

[19]《综合医院建筑设计规范》GB 51039—2014

[20]《钢雨篷》07J501—1

[21]《钢筋混凝土雨篷建筑构造》03J501—2

[22]《民用建筑绿色设计规范》JGJ/T 229—2010

[23]《公共建筑节能设计标准》DGJ 08—107—2015

[24]《公共建筑绿色设计标准》DGJ 08—2143—2018

[25]《玻璃幕墙光热性能》GB/T 18091—2015

[26]《建筑采光设计标准》GB 50033—2013

[27]《可再生能源建筑应用工程评价标准》GB/T 50801—2013

[28]《民用建筑节水设计标准》GB 50555—2010

[29]《建筑中水设计规范》GB 50336—2018

[30]《建筑照明设计标准》GB 50034—2013

[31]《建筑信息模型应用统一标准》GB/T 51212—2016

[32]《建筑信息模型施工应用标准》GB/T 51235—2017

[33]《建筑工程绿色施工评价标准》GB/T 50640—2010

[34]《建筑工程绿色施工规范》GB/T 50905—2014

[35]《建筑物气密性测定方法风扇压力法》GB/T 34010—2017

[36]《公共建筑节能检测标准》JGJ/T 177—2009

[37]《居住建筑节能检测标准》JGJ/T 132—2009

[38]《通风与空调工程施工质量验收规范》GB 50243—2016

[39]《建筑给水排水及采暖工程施工质量验收规范》GB 50242—2002

[40]《建筑电气工程施工质量验收规范》GB 50303—2015

[41]《地道风建筑降温技术规程》CECS 340：2013

普通图书

[1] 上海建筑设计研究院有限公司. 区域整体开发的设计总控[M]. 上海：上海科学技术出版社，2021.

[2] 芦原义信. 外部空间设计[M]. 尹培桐，译. 北京：中国建筑工业出版社，1985.

[3] 彭一刚. 建筑空间组合论（第3版）[M]. 北京：中国建筑工业出版社，2008.

[4] 王清勤，韩继红，曾捷. 绿色建筑评价标准技术细则2019[M]. 北京：中国建筑工业出版社，2020.

[5] 杨建荣. 可持续的生长——上海建科院莘庄综合楼[M]. 北京：中国建筑工业出版社，2015.

[6] 中国建筑工业出版社，中国建筑学会. 建筑设计资料集（第三版）第1分册 建筑总论[M]. 北京：中国建筑工业出版社，2017.

[7] 李保峰，李钢. 建筑表皮——夏热冬冷地区建筑表皮设计研究[M]. 北京：中国建筑工业出版社，2009.

析出文献

[1] 陈清华. 生态道路下穿式生物通道设计研究[J]. 上海公路，2011（4）：10，32-34.

[2] 何熹，杨剑维，吕志刚. 山地建筑设计探讨[J]. 广东土木与建筑，2021，28（1）：10-13，75.

[3] 陈基炜，韩雪培. 从上海城市建筑密度看城市用地效率与生态环境[J]. 上海地质，2006（2）：30-32，66.

[4] 吕名扬，王大成. 基于视线通廊控制的城市设计应用研究——以烟台市芝罘区解放路东侧城市设计为例[J]. 建筑与文化，2020（7）：100-101.

[5] 章明，张姿. 一场关于建筑的自问自答[J]. 时代建筑，2003（3）：60-63.

[6] 匡晓明，徐伟. 基于规划管理的城市街道界面控制方法探索[J]. 规划师，2012，28（6）：70-75.

[7] 朱昊，陈宗才. 山地城市台地空间设计策略研究——以重庆市人民公园为例[J]. 绿色环保建材，2020（2）：102，104.

[8] 梁晓丹. 垂直绿化形式对建筑的设计要求研究[J]. 建筑工程技术与设计，2017，（5）：469-470.

[9] 钟中，杨晴文. 高密度城市背景下公共建筑开放空间设计研究——以北上广深港为例[J]. 住区，2019（1）.

[10] 安琪，黄琼，张颀. 基于能耗模拟分析的建筑空间组织被动设计研究[J]. 建筑节能，2019，335（1）：77-84.

[11] 韩冬青，顾震弘，吴国栋. 以空间形态为核心的公共建筑气候适应性设计方法研究[J]. 建筑学报，2019，（4）：78-84.

[12] 张宏儒，刘秉衡，库金杰，等. 江南传统民居环境设计研究[J]. 建筑学报，2010（S1）：92-97.

[13] 黄金美. 夏热冬冷地区不同窗墙比对公共建筑的能耗影响分析[J]. 建筑节能，2016，44（300）：56-58.

[14] 季亮. 绿色建筑地下空间局部采用导光管的采光计算方法[J]. 绿色建筑，2014（4）：26-29.

[15] 王安琪，孟多，赵康等. 相变材料在建筑围护结构及建筑设备中的节能应用[J]. 能源与接节能，2019（5）：64-68.

[16] 丁勇，连大旗，李百战，等. 外窗内遮阳对室内环境影响的测试分析[J]. 土木建筑与环境工程，2011，33（5）：108-113.

[17] 纪旭阳，金兆国，梁福鑫. 相变材料在建筑节能中的应用[J]. 功能高分子学报，2019，32（5）：541-549.

[18] 孙小琴，樊思远，林逸安等. 相变材料在夏热冬冷地区建筑围护结构中应用的性能研究[J]. 制冷与空调，2020，34（2）：191-196.

[19] 张宏儒. 低成本增量校园绿色建筑探索——以湖南醴陵第一中学图书馆为例[J]. 建设科技，2013，（12）：54-56.

[20] 张丽娜，季亮，方舟等. 长三角夏热冬冷气候下的被动式绿色设计策略及其量化效果分析[J]. 建筑技艺，2020，（7）：102-105.

[21] 周欣，燕达. 门斗及热风幕对客站冬季无组织渗风的控制效果研究[J]. 中南大学学报（自然科学版），2012，43（1）：8-14.

[22] 刘旭琼. 浅谈有助于建筑物实现建筑节能、绿色建筑的一种新手段——浅谈门窗（幕墙）用通风器的作用：第四届国际智能、绿色建筑与建筑节能大会论文集[C]. 北京：中国建筑工业出版社，2008.

[23] 丛勐，张宏. 夏热冬冷地区办公建筑玻璃表皮的可变节能设计初探[C]//建筑环境科学与技术国际学术会议，2010.

学位论文

[1] 戴德艺. 基于景观生态分析的城市绿色天际线规划研究[D]. 武汉：中国地质大学，2014.

[2] 王倩华. 基于分形理论的城市天际线量化分析[D]. 赣州：江西理工大学，2020.

[3] 郑阳. 城市视线通廊控制方法研究[D]. 西安：长安大学，2013.

[4] 刘梓昂. 夏热冬冷地区城市形态与能源性能耦合机制及其优化研究[D]. 南京：东南大学，2019.

[5] 邓寄豫. 基于微气候分析的城市中心商业区空间形态研究[D]. 南京：东南大学，2018.

[6] 钱舒皓. 城市中心区声环境与空间形态耦合研究——以南京新街口为例[D]. 南京：东南大学，2015.

[7] 马婧. 公共建筑中建筑景观一体化设计的方法研究[D]. 合肥：合肥工业大学，2010.

[8] 李默. 基于空间热缓冲效应的建筑接地空间设计策略研究[D]. 南京：东南大学，2019.

[9] 栾洁莹. 当代坡地建筑设计研究[D]. 大连：大连理工大学，2012.

[10] 沙鸥. 适应夏热冬冷地区气候的城市设计策略研究[D]. 长沙：中南大学，2011.

[11] 李岳. 珠三角地区办公建筑立体绿化设计研究[D]. 广州：华南理工大学，2017.

[12] 衡贵猛. 大型商业综合体中庭空间设计研究[D]. 南京：南京工业大学，2018.

[13] 朱琳. 建筑中庭的被动式生态设计策略[D]. 长沙：湖南大学，2008.

[14] 高阳. 夏热冬冷地区方案设计阶段建筑空间的节能设计手法研究[D]. 长沙：湖南大学，2010.

[15] 施晓梅. 夏热冬冷地区基于腔体热缓冲效应的办公空间优化策略研究[D]. 南京：东南大学，2018.

[16] 刘梓昂. 夏热冬冷地区城市形态与能源性能耦合机制及其优化研究——以东南大学四牌楼校区为例[D]. 南京：东南大学，2019.

[17] 卓高松. 夏热冬冷地区绿色办公建筑的被动式设计策略研究[D]. 北京：清华大学，2013.

[18] 孙柏. 交互式表皮绿色建筑设计空间调节的表皮策略研究[D]. 南京：东南大学，2018.

[19] 阮丹. 间歇局部采暖的居住建筑围护结构热工性能研究[D]. 西安：西安建筑科技大学，2015.

其他

[1] 上海市住房和城乡建设管理委员会. 上海市超低能耗建筑技术导则（试行）（2019-03-13）. http://zjw.sh.gov.cn/gztz/20190320/0011-64710.html.

[2] 上海市住房和城乡建设管理委员会. 关于印发《外墙保温系统及材料应用统一技术规定（暂行）》的通知（2021-2-26）. http://zjw.sh.gov.cn/jsgl/20210226/fafadbf33561417da27658d830186d23.html.